AMERIKANISCHE Cabriolets

THIERRY EMPTAS · FRANÇOIS LEMEUNIER

Thierry Emptas · Francois Lemeunier

AMERIKANISCHE Cabriolets

Übersetzt von Renate Daric

Motor
buch
Verlag

Die französische Ausgabe ist dort erschienen unter
dem Titel CABRIOLETS AMERICAINS

ISBN : 3-613-01306-1

1. Auflage 1989

Satz : Vaihinger Satz + Druck GmbH, 7143 Vaihigen/Enz
Druck : Mame, Tours
Bindung : SIRC

Printed in France

VORWORT

Acht Stunden im Düsenflugzeug genügen heute, um den Atlantik zu überqueren, und trotzdem übt Amerika eine unverändert starke Faszination auf das alte Europa aus – die Faszination einer neuen, anderen Welt. Aber auch in der Geschichte Europas spielt das Land der unbegrenzten Möglichkeiten eine wichtige Rolle, denn es war gerade die Hoffnung auf ein besseres Leben, die Tausende von Siedlern auf den nordamerikanischen Kontinent in eine neue Zukunft gelockt hatte.

Seit der Eroberung des Westens wurde alles, was aus den USA kam, mit Begeisterung begrüßt, einer Begeisterung, die sich nach dem Krieg in einen wahren Amerikakult verwandelte, als Europa chewing-gum und Nylonstrümpfe, Filme in Cinemascope, die Stars und den Swing entdeckte. Es macht nichts, wenn diese Klischees allzu naiv erscheinen, denn selbst wenn sie nicht der ganzen Wahrheit gerecht werden, spiegeln sie doch einen Teil dieser Wahrheit getreu wieder.

Diese ganz ihrer Konsumbesessenheit gewidmete Nation war also gewissermaßen dazu verurteilt, andersartige Autos zu erfinden, Autos nach ihrem Ebenbild, sinnenfreudige, reich dekorierte Autos, sanft und stark zugleich.

Weil wir diese Gefühle mit Ihnen teilen wollen, laden wir Sie zu einer Spazierfahrt durch die Geschichte und die Hochburgen des amerikanischen Automobils ein. Bequem in die breiten, moleskinbezogenen Sitze zurückgelehnt, sehen Sie Harley J. Earl und Charles F. Kettering, Raymona Loewy und Virgil Exner, Brooks Stevens, Ralph Nader und – zeitlich näher bei uns – Lee Iacocca an sich vorüberziehen. Dann steigen Sie aus den extravaganten Straßenkreuzern der »Fifties« aus, deren kiloschwere Chromteile und die Höhe der Heckflossen als Maßstab des sozialen Status galten, und machen es sich hinter dem Lenkrad des letzten Studebaker bequem. Anschließend weihen wir Sie in die Fabrikationsgeheimnisse des legendären »Mustang« ein, bevor Sie sich ans Steuer der allerneuesten Corvette setzen.

Jetzt drücken Sie bitte auf den Perlmutterknopf des elektrischen Verdecks. Stellen Sie den Schalthebel des automatischen Getriebes auf »Drive« und fahren Sie los, begleitet vom tiefen, gedämpften Grollen des großen V 8.

INHALTSVERZEICHNIS

CHRYSLER

TOWN AND COUNTRY 1948

EINE YACHT AUF RÄDERN

Wenn ein Auto Sie durch Leistung und hochkarätige Technik besticht, blättern Sie bitte weiter, denn dann ist der Chrysler Town and Country nichts für Sie. Der T & C ist vor allem ein prachtvolles Cabriolet, luxuriös wie eine Yacht, dessen überlange Haube über einem wie in seligbreitem Grinsen erstarrten Kühlergrill noch den Karosseriestil der dreißiger Jahre erkennen läßt. 1948 bot er einen Luxus und Raffinessen, wie sie nur die größten Namen im Automobilbau aufweisen konnten. Seine Sitze sind mit einer gefälligen Stoff-Leder-Kombination bezogen, und im monumentalen Armaturenbrett hinter dem riesigen Lenkrad thront ein Radio, groß wie eine Kathedrale, das mit der Tonlage die Farbe wechselt. Farbvariationen gibt es auch beim Tacho: Grün bis 50 km/h, orange bis 80 km/h und rot darüber. Direkt vor dem Fahrer, am unteren Rand der Windschutzscheibe, hat Chrysler einen kleinen Spiegel montiert, mit dessen Hilfe die Ampeln an den Kreuzungen überwacht werden können, ohne daß man einen steifen Hals bekommt.

Town and Country
CUV-946

CHRYSLER

TOWN AND COUNTRY 1948

In punkto Mechanik besitzt der T & C dagegen immer noch einen alten, massigen, gußeisernen Reihen-Achtzylinder, schwer wie ein Amboß, dessen 5,2 Liter gerade eben 135 PS abgeben. Aber das ist letztlich nicht wichtig, denn der Town and Country hatte auch damals nicht die Absicht, in Indianapolis aufzutreten. Dafür gleitet er dank seiner phantastisch ausgewogen konzipierten Mechanik und seines phänomenalen Drehmoments von 37,4 mkg bei 1 600/min nahezu geräuschlos und erschütterungsfrei über die Straßen.

Die Anfänge der holzverkleideten »Woodies« liegen in den 40er Jahren. Nach dem Mißerfolg des originellen Airflow, der das gute Gewissen Amerikas erschüttert hatte, zog sich Chrysler in sein Schneckenhaus zurück und brachte nur noch ziemlich einfallslose Modelle heraus. Die populären Vertreter der Marke konnten zwar weiter ihren Platz behaupten, die Spitzenmodelle jedoch, d. h. die Crown Imperial, stießen angesichts dieses Konservatismus auf Schwierigkeiten, vor allem im Kampf mit den Packard oder Cadillac, die bereits einen V8 besaßen. Da beschloß Chrysler, auf dem Sektor der »Woodies« anzugreifen, den sich Ford und Chevrolet teilten. Damals waren diese Fahrzeuge einfache »Station wagons« mit einer Karosserie aus Holz. »Station wagons« waren für ländliche Gegenden konzipierte Nutzfahrzeuge, bei deren handwerklicher Herstellung Holz nur wegen seiner leichten Beschaffung verwendet wurde. Aber schon Anfang der »Fourties« fand ihr rustikaler Aspekt immer größeren Anklang bei den Stadtbewohnern, die den Reizen ihres »Country«-Stils erlagen. So tauchten 1941 und 1942 zwei »Station wagon« im Chrysler-Katalog auf, die schlicht ... »Town and Country« hießen.

Einschneidend veränderten sich die Dinge erst nach dem Krieg, als Chrysler mit Limousinen, Hard-Top-Coupès und Cabriolets eine komplette »Town and Country«-Baureihe herausbrachte. Chrysler wär es zu verdanken, daß der »Woodie« zu einem Luxusobjekt für wohlhabende Kunden avancierte. Ursprünglich waren sechs Fahrzeugtypen geplant, aber nur drei kamen schließlich in Produktion:

Das runde Heck des Chrysler Town und Country erinnert noch an den Stil der 30er Jahre. Der chromglänzende Kühlergrill, der die gesamte Front einnimmt, scheint wie in einem ewig strahlenden Lächeln erstarrt.

CHRYSLER

TOWN AND COUNTRY 1948

Eine Limousine mit Sechs- oder Achtzylinder-Motor und ein ausschließlich mit dem großen Motor ausgestattetes Cabriolet mit oder ohne Hard-Top. Dann, von 1947 an, behielt Chrysler nur die »Six«-Limousine und das Cabriolet im Produktionsprogramm. Das Cabriolet war es, das aus den Town and Country schließlich legendäre Fahrzeuge machte und ihnen die vergoldeten Tore zu den großen Besitzungen Hollywoods öffnete. Esther Williams, Najade des Films »Ball der Sirenen«, konnte sich am warmen, samtigen Schimmer der Holzpartien nicht sattsehen. Für die Pfosten hatte man witterungsbeständiges Eschenholz gewählt, während die Verbindungsplatten aus Honduras-Mahagoni bestanden. Leider war dieser Luxus teuer, weshalb dieses Edelholz bereits 1947 durch eine Klebefolien-Imitation ersetzt wurde.

Trotz dieser Tischlerarbeit, die eine mit einer Großserienproduktion unvereinbare, sorgfältige handwerkliche Fertigung voraussetzte, kostete das Cabrio Town and Country nicht mehr als gleichwertige Konkurrenzmodelle. 1948 wurde er für 3395 Dollar angeboten, d. h. etwa zum gleichen Preis wie ein Cadillac Serie »62« – der in jenem Jahr erste kleine Flossenansätze zeigte – oder ein Packard »Super Eight«. Trotzdem blieben die Produktionsziffern verhältnismäßig niedrig: 1935 Cabrios im Jahr 1946, 3136 und 3309 in den beiden folgenden Jahren. Was die Limousine betraf, so sank die 1946 immerhin ganz stattliche Zahl von 4124 Exemplaren 1947 und 1948 auf je 2651 und 1175 Einheiten.

Im Laufe des Jahres 1949 brachte Chrysler eine neue Karosserie heraus. Der Ponton-Stil gewann an Terrain, aber der Town and Country geriet langsam in Vergessenheit. In der neuen Baureihe erhielt nur das Cabriolet die rustikalen Eschenholzstreben, die rotbraun schimmernden Verbindungsplatten waren verschwunden. Chrysler brachte in jenem Jahr noch 1000 T & C heraus und im letzten Produktionsjahr 1950 nur noch 700 Exemplare. Das Cabriolet wurde modifiziert und mit einem – zugegeben – eleganten Hard-Top versehen, aber Chrysler war am Schicksal seiner »Woodies« nicht mehr interessiert. Der Chrysler-Generalstab war viel zu sehr mit einer Bombe beschäftigt, die im nächsten Jahr explodieren sollte. Tatsächlich tauchte 1951 der berühmte V8 mit hängenden Ventilen und Halbkugel-Brennräumen auf, eine diabolische Mechanik, die bald darauf in den Mittelpunkt des automobilen Geschehens rückte.

Mit seinen hellglänzenden Türpfosten aus Eschenholz und rotbraun schimmernden Mahagoniplatten sieht der Town and Country wie eine rollende Luxusyacht aus. Inmitten des Instrumentenbrettes thront ein Radio, das je nach Tonlage die Farbe wechselt.

CUY-946

Chrysler

CHEVROLET

FLEETMASTER 1948

TÄGLICHER SERVICE

Thomas H. Keating, Chevrolet-Verkaufsleiter während der ersten Nachkriegsjahre, verbrachte sorglose Tage. Die Kundschaft stand bei den Händlern Schlange und kaufte alles, was nur eine entfernte Ähnlichkeit mit einem Automobil hatte. Zu den interessantesten Aufgaben in jenem Jahr 1948 zählte die ehrenamtliche Teilnahme an den 1000 Meilen von Indianapolis. Keating war dabei nicht mit leeren Händen gekommen, denn der Schrittmacher-»Pace-car«, ein »Fleetmaster«-Cabriolet, wurde dem Sieger, Mauri Rose, als Preis überreicht. Dabei hatte Chrysler diese Absatzförderung eigentlich nicht nötig.

Das Gebot der Stunde war damals weniger Kundenwerbung als Produktionssteigerung, weshalb kaum retuschierte Vorkriegsserien wieder gebaut wurden. Auch in technischer Hinsicht brachten diese Modelle nichts Neues, denn Chevrolet hatte sich von jeher vor kühnen Neuerungen und ästhetischen Abenteuern gehütet. Seine Stärke waren unkomplizierte, robuste und billige, aber gleichzei-

CHEVROLET

FLEETMASTER 1948

tig attraktive Fahrzeuge mit gefälliger Linienführung und kompletter Ausstattung, die dem Kunden das Gefühl geben sollten, etwas für sein Geld zu haben. Die Styleline, Fleetmaster und Fleetline waren würdige Vertreter dieser Tradition. Während einige Hersteller mit dem Ponton-Stil Zauberlehrlinge spielten, behielten die Chevy ihre klassischen Linien, die dem Geschmack seiner eher konservativen Kundschaft aus Arbeiterkreisen am meisten entsprachen.

Unter der Haube dieser Nachkriegsmodelle befand sich ein legendäres Fabrikat aus Detroit, das ich »Cast Iron Wonder« oder »gußeisernes Wunder« genannt habe: Ein 1929 von Chevrolet entwickelter, kipphebelbetätigter Reihen-Sechszylinder! In seiner neunzehnjährigen Existenz war diese Mechanik von 3,2 auf 3,5 Liter angestiegen, wobei sich seine Leistung von 46 auf 90 PS verdoppelt hatte. Dieser gutmütige Veteran hatte sich den Ruf größter Standfestigkeit erworben. 1940 siegte ein junger Rennfahrer namens Juan Manuel Fangio in einem über 10000 km langen Marathon-Rennen zwischen Buenos Aires und Lima am Steuer eines Serien-Chevy, und erst 1952 durfte der Sechszylinder seinen langjährigen Dienst quittieren.

Unter den 11 Modellen, die Chevrolet 1948 anbot, gab es nur ein einziges Cabriolet, den Fleetmaster. Sein klassischer Stil, seine relativ maßvollen Dekorationen und seine harmonischen, fast europäischen Proportionen machten es zu einem ausgewogenen, eleganten Fahrzeug, für das sich bereits im ersten Jahr 2000 Kunden begeisterten. Außer seinen ästhetischen Qualitäten besaß dieses Cabriolet diverse praktische Ausstattungsdetails, wie einen einzigen Schlüssel für Zündung und Türen. Auch das komplett ausgestattete Instrumentenbrett aus Stahlblech sah mit einem holzimitierenden Lack einladend aus. Es gab außer dem Tachometer bereits Benzinstand- und Kühlwassertemperatur-Kontrollen sowie einen Spannungs- und Öldruckmesser. Die große Uhr lag direkt im Blickfeld des Fahrers. Für 1750 Dollar (nur10 Dollar mehr als das gleichwertige Cabriolet von Ford) konnten Interessenten dieses Modell erstehen.

Seit Mitte der 20er Jahre lieferten sich die beiden Firmen einen erbitterten Konkurrenzkampf. 1948 lag Chevrolet jedoch in Führung und konnte der Zukunft gelassen entgegensehen, denn für das Jahr 1949 wurden neue Modelle erwartet. Die Firma spielte mit der Entwicklung praktischer, gefälliger und robuster Modelle erneut ihren Trumpf aus und erfreute sich bester Gesundheit. Das war auch gut so, denn eine Redensart sagte: »Wenn Chevrolet sich erkältet, fängt gleich das gesamte GM-Konsortium an zu niesen«.

Zahlreiche europäische Konstrukteure haben sich vom maßvollen, harmonischen Stil dieses Chevrolet Fleetmaster inspirieren lassen. Hier ein Modell mit Rechtslenkung. Man beachte die perfekte Symmetrie des Instrumentenbretts aus Metallblech mit einer das Holz imitierenden Lackierung.

1948
CHEVROLET

PACKARD

CUSTOM EIGHT 1948

ZAUBER DER ARISTOKRATIE

Es gibt ganz ungewöhnliche Tage, wie jener, von dem ich erzählen will. Wir hatten uns in einem Vorort von Los Angeles mit dem Besitzer eines Packard Custom Eight Baujahr 1948 verabredet. Ich kann schon die Puristen in Sachen Stil hören: »Ach, der schwangere Wal! Die umgekippte Badewanne!«

Es stimmt schon, daß dieses Modell nicht zu den elegantesten der Firma am East Grand Boulevard gehört, aber das ich nicht ausschlaggebend. Ein Packard bleibt schließlich ein Packard und ist damit ein Symbol des Automobiladels, gleichbedeutend mit höchstem Luxus und vorbildlicher Qualität.

Vor dem Krieg gehörte Packard zu den ganz Großen. Im Gegensatz zu anderen prestigereichen Marken wie Cord, Auburn, Duesenberg, Marmon oder Stutz hatte der Konstrukteur die große Krise von 1929 weitgehend unbeschadet überstanden. Die Neuorientierung war nicht leicht gewesen, aber der Präsident, Alvan Macauley, hatte das

PACKARD

CUSTOM EIGHT 1948

Schlimmste verhütet, weil er sich der Marktlage anpaßte, populäre Serien anbot und damit einem neuen Käuferkreis den Weg zum Wunschtraum Packard ebnete. Die nach dem gleichen Qualitätsstandard und mit gleicher Sorgfalt entwickelten Modelle mit der Typennummer 120 – denen sich später die 110 zugesellten – setzten Tradition und Markenimage fort, brachten dem Hersteller aber gleichzeitig einen beträchtlichen Gewinn ein. Vom Datum ihrer Einführung im Januar 1935 bis zur Stillegung der amerikanischen Automobilindustrie im Februar 1942 verließen 479630 »kleine« Packard die Fabrik, gegen 42 700 Spitzenmodelle im gleichen Zeitraum. Die Epoche der Automobilaristokraten war beendet, und alle späteren Baureihen stammten von den Typen 110 und 120 ab.

Im März 1941 wurde der Clipper entwickelt, ein Modell auf der Basis des 120, der in punkto Ästhetik eine wichtige Etappe in der Firmengeschichte darstellte. Werner Gubitz, seit Mitte der 20er Jahre bei Packard tätig und Charles Yeager, hatten sich an einer Stilstudie Darrins inspiriert und eine moderne Karosserie mit fließenden Linien geschaffen, die trotz ihres neuen Stils die Kunden der Marke nicht vor den Kopf stieß. Dank des fehlenden Trittbretts, Kennzeichen des »New look«-Stils, hatte das Fahrzeug spürbar verbreitert werden können. Ab 1942 wurden die meisten Modelle der Baureihe mit der neuen Karosserie eingekleidet.

Nach dem Krieg tauchten auch die Clipper wieder auf, aber da Chrysler während der Kriegsjahre ausschließlich Motoren hergestellt hatte, stieß die Inbetriebnahme der gesamten Produktionsanlagen auf Schwierigkeiten. Trotz einer Flut von Aufträgen ging es mit der Produktion nicht recht voran. Außerdem hatten sich die Spielregeln geändert: Packard konnte nicht mehr allein von seinem Ruf leben. Für die Konstrukteure begann eine Ära gnadenlosen Kampfes um die führende Position auf einem Sektor, auf dem künftig das Angebot die Nachfrage weit überstieg. So stellte Packard 1947 eine Reihe neu entworfener Modelle für einen Kundenkreis vor, der die Entbehrungen vier langer Kriegsjahre möglichst schnell vergessen wollte. Ed Macauley, stellvertretender Leiter des Stilbüros, hatte den Clipper nur niedriger gelegt und alle Modelle der »Integral-Ponton«-Behandlung unterzogen. Das Ergebnis erregte äußerstes Mißfallen in den Reihen der Markentreuen. Wie eingangs erwähnt, wurden die neuen breiteren Packard mit verschiedenen Spitznamen bedacht. Die Spöt-

Trotz seines Spitznamens »der schwangere Wal« besitzt dieser Packard alle Merkmale eines echten Aristokraten. Hinter dem Kühlergrill mit Gittermuster, der den Topmodellen der Baureihe vorbehalten war, verbirgt sich ein vorbildlich ausgewogener Reihen-Achtzylinder.

DEC
OFT 272

Packard

PACKARD

CUSTOM EIGHT 1948

ter ironisierten, Ed Macauley hätte die Packard wie Luftballons aufgeblasen. Glücklicherweise waren nicht alle Kunden so kritisch, sodaß die Firma 1948 mit 92251 verkauften Exemplaren den ersten Platz vor Cadillac und Lincoln belegen konnte.

Zwei Cabriolets wurden 1948 im Katalog angeboten: Der Super Eight mit einem kurzen Chassis und ein Modell der Custom-Serie, das non plus ultra unter den Packard-Automobilen. Außer seinem langen Radstand – 3,2 m (früher 3 m) – zeichnete es sich durch einen Kühlergrill mit Gittermuster aus, ein Merkmal der Custom-Baureihe, während die anderen Kühlermodelle waagerechte Chromleisten besaßen. Auch die beiden Zierleisten am unteren Flankenende gehörten zu den Besonderheiten der Custom-Modelle, und wie bei allen Versionen der Spitzenklasse entfaltete ein prachtvoller Kormoran am Ende der langen Haube seine Flügel. Trotz seiner etwas ausladenden Konturen zeugte das Cabriolet vom guten Geschmack und vom meisterlichen Können seiner Schöpfer, Qualitäten, denen die Packard ihren Ruf verdankten. Der Werbeslogan: »Ein Auto für Gentlemen von Gentlemen« blieb weiterhin aktuell. Das Instrumentenbrett war von vorbildlicher Schlichtheit, das Leder der Sitze von unvergleichlicher Qualität und Geschmeidigkeit. Außerdem gab es vier hydroelektronische Fensterheber, ein für die damalige Zeit höchst seltenes Detail. Trotz seines Höchstpreises von 4295 Dollar, mit dem es nach dem Lincoln Continental (4746 Dollar) das zweitteuerste Cabriolet des Jahres war, erlagen 1105 Käufer den Reizen dieses echten Aristokraten und setzten sich dabei sogar über den veralteten Motor hinweg.

Packard schwor immer noch auf seinen Achtzylinder-Reihenmotor mit stehenden Ventilen, ein seit 1940 unverändertes, 5,8 Liter großes Triebwerk mit einer Leistung von 160 PS, dessen Entwicklung in die 30er Jahre zurückreichte. Obwohl seine Standfestigkeit und sein ruhiger Lauf immer noch Wunder vollbrachten, machte sich der technische Rückstand bei Packard immer deutlicher bemerkbar. Die Entwicklung eines Hochleistungs-V8 der Firmen Oldsmobile und Cadillac im folgenden Jahr war ein unmißverständliches Warnsignal. Der Wettlauf um Leistungssteigerung war bereits in vollem Gang, ohne daß Packard über die nötigen Waffen zum Gegenzug verfügte. Im März 1948 trat Alvan Macauley, Präsident seit 1916, in den Ruhestand. Zufall oder böses Omen? Mit seinem Abgang begannen jedenfalls die ersten Zeichen des nahenden Untergangs.

Die Firma Packard überlebte noch einige Jahre dank verschiedener bewundernswerter aber nutzloser Versuche, sich der neuen Situation anzupassen.

Das Cabriolet Custom Eight, von dem 1105 Stück entstanden, war 1948 das teuerste Modell der Packard-Baureihe. Den etwas gespreizten, würdevollen Charakter dieses Modells findet man auch im klassischen Instrumentenbrett wieder.

DE SOTO

CUSTOM 1949

SINN FÜR DIE EINFACHEN FREUDEN

Der 29 Jahre alte Dick Starwin war ein zuvorkommender und fähiger Bankangestellter. Sein scharfer Verstand hatte ihm geholfen, schnell den höchsten Dienstgrad zu erreichen, den ihm die kleine Filiale in Pasadena, einem Vorort von Los Angeles, bieten konnte. Fünf Jahre zuvor war er in einem Hafen der Normandie an Land gegangen und hatte seither mehr als seinen Teil zum »Baby-boom« beigetragen.

1949 nahm er sein erstes neues Auto in Empfang, einen De Soto Custom, und zwar ein Cabriolet auf Wunsch seiner Frau Jennie. Für 2578 Dollar hätte Dick ebensogut einen Mercury, Pontiac oder Oldsmobile wählen können. Aber für ihn kam nur der nach einem »Dream-car« von Buzz Grisinger entworfene Vorkriegs-De Soto mit seinem Kühlergrill im »Rainfall«-Motiv und vor allem seinen versenkbaren Scheinwerfern in Frage, wie bei den prächtigen Cord-Modellen. Ihre Schönheit hatte es ihm angetan, und er hatte sich geschworen, eines Tages auch einen De Soto zu besitzen. Nun war es endlich soweit!

Im Laute des Jahres 1949 modernisierte De Soto seine Baureihe – wie übrigens alle anderen Firmen der Chrysler-Gruppe. Die neuen Modelle zeigten sich im Ponton-Stil mit integrierten Kotflügeln, aber die Familienähnlichkeit blieb unverkennbar. Die Silhouette war immer noch etwas massig, die hinteren Kotflügel hoben sich ebenfalls deutlich

DeSoto

DE SOTO

CUSTOM 1949

von den Flanken ab und obwohl es zu früh war, von Heckflossen zu sprechen, zeigten sie am oberen Ende kleine verchromte Ausläufer, die in diskrete Heckleuchten ausliefen. Am meisten gefällt Dick jedoch der Kühler, eine Kaskade aus Chrom, die von der Haubenspitze bis zur Stoßstange über die gesamte Fahrzeugbreite rieselt und den Namen »Rainfall« (Regenschauer) rechtfertigt. Wenn Dick seine Familie nicht mit an den Strand nimmt oder wenn sie nicht zu einer Party eingeladen ist, verbringt er seine Zeit damit, einen dieser verchromten langen Hauer nach dem anderen auch Hochglanz zu bringen. Im Innern herrscht die friedliche und beschauliche Atmosphäre eines Qualitätsfahrzeugs, das keine Auffälligkeit nötig hat. Es gibt keine Extravaganzen, aber auch kein störendes Detail. Der Tacho liegt wie ein rundes Auge direkt im Blickfeld des Fahrers, und vier kleinere, links neben dem Lenkrad gruppierte Rundinstrumente vermitteln die restlichen Informationen: Benzinstand, Öldruck, Kühlwassertemperatur und Ladestrom.

Dick ist kein bedingungsloser Freund der Mechanik, die für ihn immer ein undurchdringliches Knäuel von Kabeln und Schrott bleiben wird. Wenn er tatsächlich einmal die schwere Haube aufmacht, dann nur, um die Glühbirne auszuwechseln, die den Kopf des spanischen Konquistadors beleuchtet, Markensymbol und Galionsfigur zugleich. Er hat auch nie die Neugier besessen, sich den massigen Motorblock mit seinen sechs brav aufgereihten Zylindern, seinen 3,8 Litern und 112 PS Leistung anzusehen. Ihm genügt es, zu wissen, daß er einen zuverlässigen folgsamen und robusten Motor besitzt. Dieses Triebwerk wurde 1932 von De Soto entwickelt. Sein Temperament paßt zum gutmütigen Charakter dieser Modelle mit relativ bescheidenen Fahrleistungen, deren einzige Ambition darin zu bestehen scheint, einer nur auf friedliche Spazierfahrten bedachten Kundschaft mit größter Zuverlässigkeit zu dienen. Auch das halbautomatische Vierganggetriebe ist ganz nach Dick's Geschmack, das berühmte »Fluid-Drive«, ein reines Chrysler-Fabrikat, das mit zwei automatischen und zwei von Hand einzulegenden Gängen nicht gerade durch unkomplizierte Bedienung glänzt.

1949 belief sich die De Soto-Produktion auf 94203 Exemplare, darunter 3385 Cabriolets. Diese Zahl hört sich vielleicht bescheiden an, steht aber nur für die neuen, im Referenzjahr zugelassenen Modelle. Damals waren die Zeiten für De Soto noch ruhig, es gab keine Exzentrizitäten. Die Modelle gehörten zu jener Kategorie von Autos, die man täglich im Straßenbild sah und deren Wertes man sich deshalb nicht mehr bewußt war. Im Laufe der 50er Jahre erlagen jedoch auch sie der Modernisierungswelle und verloren ihren ruhigen, gefügigen Charakter. 1952 wurden sie mit einem V8 ausgestattet, der jedes Jahr höhere Leistungen erzielte. Gleichzeitig mit diesem Trend nach immer mehr Leistung durchlief auch der Karosseriestil eine explosive Phase. Im Kielwasser der Chrysler versuchten sich die De Soto in der Rolle des starken Mannes. Leider wurden ihnen diese Verrücktheiten zum Schicksal: Am Ende des vom wirtschaftlichen Rückgang geprägten Jahrzehnts setzte Chrysler – wie alle anderen Konstrukteure – alles auf die Karte der Großserien und führte eine »Valiant« getaufte Kompakt-Limousine ein. De Soto fehlten zur Entwicklung neuer Modelle die Mittel. Eine Retusche nach der anderen machten aus den De Soto verunstaltete Chrysler, und 1961 verschwand die Firma fast unbemerkt von der Bildfläche.

Die De Soto Baujahr 1949 wurden noch im gleichen Jahr überarbeitet, behielten aber ihre etwas massig wirkende Erscheinung. Der »Rainfall«-Kühlergrill verdankt seinen Namen dem originellen Entwurf mit langen, senkrechten Chromleisten. Das Instrumentenbrett aus lakkiertem Metallblech, chromumrandete Rundinstrumente und Chrom-Zierteile waren typisch für den Stil der 40er Jahre.

CADILLAC

SÉRIE « 62 » 1949

AUF ZUM FEST

Wir sind im Jahr 1941, auf dem Militär-Stützpunkt Selfridge, in der Nähe von Detroit. Harley Earl, Großmeister in Sachen Stil bei GM und einige seiner nächsten Mitarbeiter haben trotz strengster Geheimhaltung die Genehmigung erhalten, sich das neue Jagdflugzeug Lockheed P-38 anzusehen. Der Anblick ist für Earl eine Offenbarung. Er ist fasziniert von der Eleganz des Kampfflugzeugs mit seinen doppelten Stabilisierungsflächen. Dieser einfache Besuch veränderte das Automobil der 50er Jahre von Grund auf. Zurück im »Art and Colour Center«, stürzen sich die Designer auf ihre Zeichenbretter mit der Aufgabe, Ideen und ästhetische Effekte des P-38 im Automobilbau zu verwerten.

So kam es, daß 1942 zwei mit Heckflossen verzierte Cadillac-Prototypen auf den Versuchsstrecken ihre Runden drehten. Dann kam der Krieg und machte diesen Stilstudien bis 1945 ein Ende. Trotz der Unterbrechung und allen Schwierigkeiten zum Trotz gab Earl sein Projekt nicht auf.

CADILLAC

SÉRIE « 62 » 1949

Seine Ideen riefen nicht immer den erhofften Enthusiasmus hervor, und die Heckflossen waren weit davon entfernt, Einstimmigkeit zu erzielen. Nicolas Dreystadt, Generaldirektor der Firma Cadillac, zeigte sich besonders skeptisch und ließ sich zu allerletzt nur von dem gewichtigen Argument überzeugen, daß diese ästhetische Neuerung den Modellen der Marke mit einem Schlag einen neuen Charakter verleihen würde; ein vom Kühler bis zu den Heckleuchten vollkommen neues Erscheinungsbild, denn der Stil der amerikanischen Autos endete bisher meist vom Rückfenster an in kläglicher Anonymität. Damit war auch das letzte Hindernis beseitigt und 1948 konnte Cadillac seine neuen Modelle vorstellen, deren Eleganz und erlesene Klasse mit den schwerfälligen Linien der vorhergehenden Baureihe von 1941 kontrastierte. Die kleinen Auswüchse an den hinteren Kotflügelspitzen waren nicht zu übersehen, aber das ganze Aussehen hatte sich vorteilhaft verändert. Die Modelle der neuen Baureihe, halb im Ponton-Stil und mit großen Glasflächen, waren niedriger und wirkten wendiger als ihre Vorgänger. Die Gesamterscheinung strahlte Harmonie und Eleganz aus, aber weder GM noch Harley Earl hatten vorausgesehen, daß ihre Neuerungen den Karosseriestil der 50er Jahre revolutionieren würden. Die Heckflossenansätze – die famosen »Tail fins« – nahmen mit der Zeit immer größere Ausmaße an und wuchsen zehn Jahre später zu bedrohlich aussehenden, messerscharfen Stilelementen heran.

Nachdem Cadillac seinen Modellen eine Identität gegeben und für das nächste Jahrzehnt einen Stil geschaffen hatte, mußten die Autos noch mit einer modernen Mechanik ausgestattet werden. 1949 war es mit einem neuen, auf den Forschungsarbeiten Charles F. Ketterings basierenden V8 endlich soweit. Obwohl Kettering gleichzeitig die Ämter eines Vizepräsidenten und technischen Leiters bei GM innehatte, hatte seine wahre Leidenschaft jedoch von jeher der Mechanik gegolten. Er hatte bereits 1910 ein Zündsystem mit Spule und Verteiler erfunden – den berühmten Delco – und zwei Jahre später den elektrischen Anlasser. Sein besonderes Interesse galt den Verbrennungsproblemen und er entdeckte, daß Bleizusatz im Benzin die Klopfneigung verringert. Seine Forschungsarbeiten brachten ihn zur Erkenntnis, daß eine höhere Literleistung über ein höheres Verdichtungsverhältnis zu erreichen ist, das von Motoren mit stehenden Ventilen aber nur schlecht verkraftet wird. Deshalb machte er sich 1936 an die Entwicklung eines neuen Motortyps mit hängenden Ventilen. Um beide Mechanismen besser vergleichen zu können, entstanden unter der Leitung des Ingenieurs Harry F. Barr zwei Motoren, der erste mit der klassischen Seitensteuerung, wäh-

1949 tauchten die ersten Heckflossen auf. Mit ihren gefälligen Karosserien und breiten, lederbezogenen Sitzbänken waren die Cadillac Serie »62« Baujahr 1949 elegante und luxuriöse Modelle. Mit einem neuen, 160 PS starken V8 waren sie auch in punkto Technik fortschrittliche Fahrzeuge.

3532
SJ 91

CADILLAC

SÉRIE « 62 » 1949

rend der zweite Zylinderköpfe mit obenliegenden Ventilen erhielt. Ende 1941 konnten die Versuche anlaufen, bei denen sich die zweite Lösung schnell als die bessere erwies.

Nach dem Krieg wurde der Ventilmechanismus noch zweimal geändert. Zu diesem Zeitpunkt arbeitete man bei Cadillac an einem Motor mit 4,7 Litern, kurzem Hub und hoher Verdichtung und an einer zweiten, 5 Liter großen, weniger hoch verdichteten Variante. Als die Ölgesellschaften für das versprochene Super eine Oktanzahl von 90 anstatt des ursprünglich vorgesehenen ROZ-Wertes von 100 ankündigten, wurden die ersten Forschungsarbeiten eingestellt. Als man 1947 erfuhr, daß Oldsmobile, eine Firma des Konzerns, die ebenfalls die Pläne des V8 von Kettering erhalten hatte, einen Motor mit knapp 5 Litern entwickelte, erhöhte die Cadillac-Firmenleitung unverzüglich den Hubraum des eigenen Motortyps auf 5,4 Liter, um die Vorrangstellung der Marke innerhalb des GM-Konzerns nicht aufs Spiel zu setzen. Mit einer Verdichtung von 7,5 : 1 und 160 PS lag das Leistungsniveau des neuen Triebwerks kaum über dem des Vorgängers, aber dafür hatte man ihn im Hinblick auf eine ständige Weiterentwicklung konzipiert. Tatsächlich stieg seine Leistung in den Jahren 1952/53/54 ohne Hubraumvergrößerung auf jeweils 190, 210 und 230 PS, und erreichte 1985 schließlich 250 PS. Eine Eldorado-Version brachte es im gleichen Jahr sogar auf 270 PS! Dieser Motor war es auch, der 1950 die beiden von Briggs Cunningham in den 24 Stunden von Le Mans eingesetzten Cadillac antrieb. Der erste, ein unbearbeitetes Serienmodell, kam mit einem Schnitt von 131,216 km/h auf Platz 10, der zweite mit Barketta-Karosserie, Monster genannt, konnte trotz Getriebeproblemen, die seinen Piloten zwangen, das Rennen im letzten Gang zu beenden, Platz 11 belegen.

Die Baureihe 1949, von der 815465 Exemplare produziert wurden, bestand aus zwölf Modellen, die zwischen 2788 und 4839 Dollar kosteten. Das Novum des Jahres war das Coupè De Ville auf der Basis des Cabriolets, ohne Dachpfosten, aber mit einem Hard-Top aus Stahlblech. Eine dieser Versionen lief am 25. November 1949 als millionster Cadillac seit Gründung der Marke vom Band. Das Cabriolet gab es nur in der Serie »62« zum Preis von 3442 Dollar. Davon wurden nur 8000 Stück hergestellt.

In nur zwei Jahren war es Cadillac gelungen, dem amerikanischen Karosseriestil für das nächste Jahrzehnt und der Mechanik für das nächste Vierteljahrhundert neue Grundlagen zu geben. Die Prestigemarke des GM-Konzerns war bereit, das große Fest der »Fifties« konnte beginnen.

Obwohl Packard 1949 noch vor Cadillac lag, konnte die Prestigefirma von General Motors mit konsequent modernisierten Modellen einen entscheidenden Vorsprung vor der Konkurrenz verbuchen. Auch das komplett ausgestattete, übersichtliche Instrumentenbrett zeugte vom Bemühen um geschmackvolles Styling.

3532
SJ 91

0 15 30 45 60 75 90 105 120 135 150 165
COLD HOT
CHG
0 30 60

6 8 10 12 14 16

BUICK

SUPER EIGHT 1950

MIT GEFLETSCHTEN ZÄHNEN

Manche schwören nur auf Cadillac, für andere existiert nur Packard, und wieder andere, wie ich selbst, sind von den Buick Baujahr 1950 fasziniert.

Noch nie hat ein Konstrukteur gewagt, seine Modelle mit einer derart zähnefletschenden Grimasse zu versehen, einer Kühlerfront, bei der man unwillkürlich an einen weitgeöffneten, mit neun mörderisch blitzenden Hauern bewehrten Rachen denkt, der nur darauf zu warten scheint, alles in Reichweite Kommende in Stücke zu reißen. Ich kann mir gut vorstellen, wie brave Mütter aus Delaware, Nevada oder Nebraska ihren Kindern drohen: »Wenn Du Deine Suppe nicht ißt, holt Dich der Buick!«

Hinter dieser Grimasse verbergen sich 1800 Kilo Stahl und Gußeisen. Die 1949 völlig neu entworfenen Modelle wurden im folgenden Jahr nochmals gänzlich überarbeitet. Der markentypische Stil sollte von weitem erkennbar sein, und die Buick zeigten noch einige Spuren des »Y-Job«, eines von Harley Earl entworfenen und 1938 vorgeführten

Super

BUICK

SUPER EIGHT 1950

»Show-car«-Ausstellungsmodells. Der Ponton-Stil war natürlich übernommen worden, wenn auch mit Maßen, denn an den Flanken zeichneten sich die Konturen der getrennten vorderen und hinteren Kotflügel noch deutlich ab. Dann war da noch die zur Fratze erstarrte Front mit furchterregend gefletschten Zähnen, deren Vaterschaft Tex Avery in seinen »Cartoons« nicht verleugnet hätte. Leider wurde die Fabrikation 1952 wegen der hohen Herstellungskosten (keiner der neun Zähne glich dem anderen) aufgegeben. Zu den anderen charakteristischen »Merkmalen« zählten noch der wie eine Galionsfigur auf der Haubenspitze thronende, stromlinienförmige Flugzeugrumpf und vor allem die berühmten »portholes«. Diese von Buick »Ventiports« getauften, chromumrandeten ovalen Belüftungsöffnungen an Flanken und Front hatten eine Geschichte: 1948 beschloß Ned Nickles, Leiter des Stilbüros bei Buick, seinem Cabriolet Roadmaster eine persönliche Note zu geben. Er schnitt an beiden Seiten kleine Löcher aus der Haube und montierte hinter jedem von ihnen eine direkt an den Zündverteiler angeschlossene Glühbirne. Bei jeder Zündfolge schoß dabei ein Lichtblitz (flash) aus den Löchern hervor, sodaß der Eindruck eines ultrastarken, flammenspeienden Triebwerks entstand. Der damalige Präsident, Harlow H. Curtice, war begeistert von der Porthole-Idee und führte sie – allerdings ohne die Glühbirnen – bei den Modellen 1949 ein. Wenn die Portholes anfangs zur Be- und Entlüftung des Motors dienten, so wurden sehr bald rein dekorative Elemente daraus. Sie blieben lange Jahre ein Merkmal der Buick und waren noch Ende der 70er Jahre in allerdings stark stylisierter Form an einigen Modellen zu sehen.

Das hier gezeigte, 2476 Dollar teure Cabriolet fand seine Käufer im Jagdgebiet der Mercury und De Soto. Es handelt sich um das mittlere Modell der Serie »Super« mit dem kürzesten Radstand (121,5 Zoll = 3,086 m) und dem mittleren Motortyp, einem 4,3 Liter großen Reihen-Achtzylinder – auch schon mit hängenden Ventilen – und einer Höchstleistung von 124 PS, der nur mit voll durchgetretenem Gaspedal auf Schwung kam. Diese Mechanik stammte aus den 30er Jahren, aber ihr guter Ruf ließ ihr Alter in Vergessenheit geraten. Der Buick hatte jedoch noch andere Trümpfe in seinem Spiel. Er besaß Einzelradaufhängung an vier Schraubenfedern, eine originelle Lösung, die bereits vor dem Krieg eingeführt worden war und sich von der Menge der gebräuchlichen Halbelliptik-Blattfedern unterschied. Vor allem aber hatte man den Buick mit dem famosen »Dynaflow«-Automatikgetriebe ausgestattet, auf das ein auf dem linken hinteren Kotflügel angebrachter Schriftzug hinwies. Dieses vor allem von Ingenieur Oliver K. Kelly entwickelte, 1948 eingeführte Bauteil war ein reines Firmenfabrikat, das nicht mit dem von General Motors für die Cadillac, Oldsmobile und Pontiac gebauten »Hydra-matic«-Getriebeautomaten verwechselt werden darf. Dank seiner extrem weichen Übergänge fand das »Dynaflow«-Getriebe sofort Anklang, obwohl für manche Kritiker die Schaltvorgänge zu langsam abliefen. 1954 wurden 85 % aller Buick damit ausgestattet.

Dieser Kühlergrill gehört wahrscheinlich zu den aggressivsten seiner Art. Die Heckpartie ist im Gegensatz dazu viel friedlicher. Der perlmuttfarben schimmernde Tacho liegt wie ein rundes Auge direkt im Blickfeld des Fahrers.

HUDSON

COMMODORE EIGHT 1950

FREIHEITSSINN

Wer kann sich noch an die Firma Hudson erinnern, oder an den »step down«-Stil? Oder an den fabelhaften Hornet? Wahrscheinlich kaum jemand. Um die Spuren dieses unabhängigen Konstrukteurs wiederzufinden, muß in den staubigen Schubladen der Geschichte gestöbert werden.

Dabei hatte auch diese Marke ihre Sternstunde, und es gab eine Epoche, in der sie weithin bekannt war, jahrelang zu den fünf größten amerikanischen Konstrukteuren zählte und 1929 sogar 300000 Exemplare herausbrachte. Aber die große Krise hätte ihrer Existenz beinahe ein Ende bereitet, wenn ihre Marken Essex und Terraplane nicht gewesen wären.

Dank der Rüstungsaufträge der Regierung konnte sich Hudson während des Krieges wieder ein Finanzpolster zulegen und schon 1948 eine neue Modellreihe vorstellen. In der Euphorie des wiedergefundenen Friedens waren es zuerst die aller Bindungen ledigen Hersteller, die dem Publikum etwas anderes als »oberflächlich aufgewärmte Vorkriegs-Kamellen« vorsetzten, wie ein amerikanischer Journalist sich damals ausdrückte. Der fortschrittlichste von allen war zweifellos Hudson. Das Stilistenteam unter

HUDSON

COMMODORE EIGHT 1950

der Leitung Frank Springs hatte den absoluten Ponton-Stil gewagt, noch extremer als das Konzept von Kaiser und Studebaker. Mit einer höheren Gürtellinie, einem tiefer gelegten Dachaufbau und kleineren Fenstern führten die neuen Hudson die »Step down«-Karosserien ein, und unterschieden sich durch ihre wesentlich niedrigere Bauhöhe von der Konkurrenz. Trotzdem brauchten die Passagiere im Sitzen nicht den Kopf zwischen die Knie zu klemmen, denn der Innenraum war geschickt nach allen Richtungen vergrößert worden. Man hatte den Motor weiter vorverlegt, die Rücksitze befanden sich vor- und nicht mehr in Höhe der Hinterachse, und der Fahrzeugboden war so niedrig wie möglich gelegt worden. Man kann auch heute noch mühelos in einen Hudson steigen, ohne den Hut abnehmen zu müssen. Die Ingenieure hatten das Prinzip der mittragenden »Verbundkonstruktion« angewandt, bei dem der klassische Rahmen durch eine mit den Längsträgern verschweißte Metallstruktur ersetzt wird, auf der die Karosserieteile befestigt werden. Der niedrige Fahrzeugboden war durch das Auseinanderrücken der Längsträger erreicht worden, die beim neuen Hudson an der Außenseite der Hinterräder vorbeiführten! Das erklärt auch die etwas breitgedrückte, bauchige Silhouette, die an den »umgekehrten Badewannen-Stil« der Packard gleichen Jahres erinnert.

Fazit: Die neuen Hudson trugen ostentativ ihr Anderssein zur Schau, aber ihre ungewöhnliche Erscheinung war nicht nur dazu bestimmt, Aufmerksamkeit zu erregen. Ihre niedrige Schwerpunktlage und ihre dem neuen Konstruktionsprinzip zu verdankende, größere Gesamtfestigkeit machte sie zu wendigen und sicheren Fahrzeugen, die mit der Hartnäckigkeit eines Blutegels am Boden klebten und den meisten Konkurrenten den Rang abliefen – zumindest auf kurvenreichen Strecken. Hudson bot gleichzeitig einen neuen Motor an, der die Fahreigenschaften dieser Modelle optimieren sollte. Während die meisten Firmen nur noch V8-Triebwerke mit Kopfsteuerung entwickelten, brachte Hudson einen seitengesteuerten Reihen-Sechszylinder heraus! Diese Mechanik sorgte jedoch für Überraschung: Es war der größte und leistungsstärkste Sechszylinder der amerikanischen Automobilindustrie, der mit 4,3 Litern und 121 PS dem firmeneigenen Achtzylinder-Reihenmotor von 1932 (4,2 Liter, 128 PS) nahezu ebenbürtig war.

Leider, und trotz all ihrer Qualitäten, hatten die Hudson einen kapitalen Fehler: Ihr Konzept machte ein »Restyling« unmöglich, jenes Neugestalten der Karosserie, das in den USA so wichtig ist. 1950 hatten sich die Modelle kaum verändert und wirkten bereits veraltet, vor allem im Vergleich zu den Neuheiten, die GM herausbrachte. Nach der regelmäßigen Produktionssteigerung der letzten Jahre (92083 im Jahr 1947, 117000 und 159100 in den beiden

Nach dem Krieg führte Hudson als einer der ersten Konstrukteure den Ponton-Stil mit integrierten Kotflügeln ein. Als das teuerste und luxuriöseste Modell der Baureihe besaß der Commodore Eight elektrische Fenster und ein elektrisches Verdeck. Die Bar mit Kristallgläsern gehörte zu den Sonderangeboten.

1498.B

HUDSON

COMMODORE EIGHT 1950

folgenden Jahren) fanden 1950 nur 121408 Exemplare Abnehmer, und Hudson fiel trotz Einführung der neuen »Pacemaker«, die einen Durchbruch auf dem Mittelklasse-Sektor versuchten, auf Platz 13 zurück. Der Rückgang war vor allem den großen Modellen zuzuschreiben. 1950 konnten nur 16731 Exemplare der Serie Commodore Eight abgesetzt werden, gegen 28687 im Vorjahr.

Das Cabriolet auf diesen Seiten stammt aus der Commodore-Baureihe. Es hat einen langen Radstand von 3,14 m und ist auch das schwerste Modell, dessen verstärkte, mittragende Stahlkarosserie eine überdurchschnittlich gute Gesamtfestigkeit besitzt. Mit 2893 Dollar Verkaufspreis war es damals auch das teuerste der Baureihe. Freunde offener Autos konnten außerdem zwischen Pacemaker und Pacemaker Deluxe, (Radstand 3 m), sowie Super Six und Commodore Six (Radstand 3,14 m) wählen, die alle mit den neuen, mehr oder weniger leistungsintensiven Sechszylindern ausgestattet waren, während unser Commodore Eight immer noch den alten 128 PS starken Reihen-Achtzylinder unter der Haube verbarg. Die Produktionsziffern des Cabriolets blieben unbedeutend: 1950 entstanden 425 Exemplare, während im Vorjahr 595 Cabriolets Commodore Eight Abnehmer gefunden hatten.

Im Katalog standen acht Farben zur Auswahl, vier »Spezial« und vier Zweitonlacke. Das elektrisch zu betätigende Verdeck und die elektrischen Fensterheber gehörten bei den Commodore zur Serienausstattung, während sie bei den anderen Cabriolets gegen Aufpreis erhältlich waren.

1951 brachte Hudson unter der Typenbezeichnung »Hornet« eine neue Serie heraus, die den Platz zwischen den Commodore Six und Eight einnahm. Im Stil unverändert, warteten die neuen Modelle jedoch mit einer verbesserten Version des Sechszylinders auf. Der Hubraum war auf 5 Liter erhöht worden, und mit 145 PS Leistung konnten die »sagenhaften Hornet« im Wettbewerb die Vorrangstellung der Oldsmobile V8-Rocket brechen und von 1952 bis 1954 die NASCAR-Meisterschaft (National Association for Stock Car Automobile Racing) gewinnen.

Mit den neuen Hornet stieg die Produktion im Jahr 1951 auf insgesamt 131915 Exemplare. Aber Hudson fehlten die Mittel, um mit dem Rhythmus der drei Großen auf die Dauer Schritt zu halten. Wie es das Unglück wollte, vergeudete Hudson seine letzten Reserven in der Entwicklung eines Kompaktmodells nach dem Vorbild der Nash und Kaiser. Aber die Kundschaft zeigte noch kein Interesse für Autos neuartigen Stils, die nur bei Außenseitern Anklang fanden. Es war eine fatale Fehleinschätzung, die Hudson zwang, sich 1954 mit Nash zu verbinden und die Firma »American Motors« zu gründen. Aber anstatt des erhofften Auftriebs bewirkte der Zusammenschluß nur einen Identitätsverlust. Die Marke geriet langsam in Vergessenheit und verschwand 1957, nach 48jährigem Bestehen, gänzlich von der Bildfläche.

Der Stil dieses Hudson hat Ähnlichkeit mit dem der Packard-Modelle. Die Zweitonlackierung lockert die strenge Linienführung etwas auf, die Zierleisten unterstreichen das Flankenprofil. Im Jahr 1950 wirkte dieses Instrumentenbrett bereits unmodern. Einige Konstrukteure führten schon den asymmetrischen Stil ein.

HUDSON
498.B

HUDSON

CHEVROLET

STYLELINE 1951

VOLKSTÜMLICHE ELEGANZ

Der neue Chevy ließ auf sich warten. Während die beiden Rivalen Ford und Plymouth bereits seit einigen Monaten die Vorkriegsmodelle aufgegeben hatten, mußten sich die Freunde der Marke noch mit Modellen aus dem Jahr 1942 begnügen, die schlagartig veraltet wirkten.

Im Januar 1949 stießen Kunden und Markenhändler einen Seufzer der Erleichterung aus, denn der größte Automobilhersteller Amerikas – und gleichzeitig der weltgrößte – enthüllte seine neue Baureihe. Wieder einmal stach Chevrolet mit seinen Modellen, deren Eleganz von allen Beobachtern bewundert wurde, die Konkurrenz aus. Einer der Journalisten, der an jenem Tag im Waldorf Astoria der Pressevorstellung beiwohnten, bezeichnete den neuen Chevrolet sogar als »kleinen Cadillac«. Was konnte für die Mehrzahl der Amerikaner verlockender sein? Sie durften mit einem Auto fahren, das mit den Schönsten und Besten im Automobilbau verglichen wurde. Darin lag gerade eines der Erfolgsgeheimnisse der Marke, die es immer verstanden hatte, ihrer Kundschaft mit eleganten, luxuriös aufgemachten Modellen zu schmeicheln.

Die neuen Chevy waren nicht so massig und gedrungen wie ihre Rivalen Ford und Plymouth – ein nicht zu unter-

RESTAURANT
GRAND HOTEL
BAR TEA ROOM

CHEVROLET

STYLELINE 1951

schätzendes Verkaufsargument – selbst wenn sie alles in allem auch nicht mehr zu bieten hatten als die Konkurrenz. Ford entwickelte sogar einen kopfgesteuerten V8, während die Chevrolets immer noch von dem alten Sechszylinder, dem 3,5 Liter großen, 90 PS leistenden »gußeisernen Wunder« angetrieben wurden, das seit 1942 so gut wie unverändert geblieben war.

Die neue Karosserie, die Ed Glowacke, dem Leiter des Stilbüros zu verdanken war, stand in zwei Varianten zum Verkauf: Die erste nannte sich Styleline und besaß einen klassischen Kofferraum, während die Fleetline ähnlich wie die Sedanet getauften Buick und Cadillac ein Schrägheck aufwiesen. Leider zeigte sich das Publikum wenig empfänglich für die Originalität des Konzepts, das deshalb 1953 schon wieder aufgegeben wurde. Chevrolet, der etwas spät am Neuerungswettlauf teilgenommen hatte, sah sich 1949 von Ford auf den zweiten Platz gedrängt. Um die verlorenen Kunden wiederzugewinnen und seine Vorherrschaft wiederherzustellen, führte der Konstrukteur 1950 zwei Neuheiten vor: Die erste war ein Hard-Top-Coupè und zeugte vom Familiensinn bei GM. Bei der Konzeption dieses eleganten Modells hatte man sich an den im Vorjahr eingeführten Coupès De Ville und Oldsmobile Holiday inspiriert. Dieser neuen, Bel Air genannten Version wurde ein eklatanter Erfolg zuteil.

Die zweite Neuheit war technischer Art: Die Einführung des Powerglide-Getriebeautomaten, ein von Chevrolet entwickeltes Zweiganggetriebe, das erstmals in der Kategorie der populären Limousinen eingesetzt wurde. Mit diesen beiden Neuheiten hatte Chevrolet in punkto Stil und Technik seine Vitalität bewiesen und stellte mit einer Produktionsziffer von fast anderthalb Millionen einen neuen Verkaufsrekord auf. Ford lag mit 1 208 912 Exemplaren an zweiter Stelle.

Auf technischem Gebiet hatten die Chevrolet jedoch immer noch einiges nachzuholen. Mit der Powerglide-Kraftübertragung mußte zwar ein stärkeres Triebwerk eingebaut werden, das Ed Kelly, Ingenieur der Firma, aber nicht neu entwickelte, sondern einfach aus der LKW-Baureihe entnahm. Es handelte sich dabei um einen Sechszylinder mit 3,8 Litern Hubraum und 105 PS Leistung, während die Versionen mit mechanischem Getriebe den alten Motor behielten, dessen Leistung nach lobenswerten Bemühungen von 90 auf 92 PS angestiegen war. Dieser Veteran leistete noch bis 1952 treue Dienste bei Chevrolet, bis er 1955 – nach einer Übergangszeit mit dem 4,8 Liter-Motor – vom V8 abgelöst wurde, der sogar die ersten Corvette antrieb.

1951 legte die Firma eine Pause ein. Die beiden Baureihen Styleline und Flettline standen immer noch auf dem Programm. Jede von ihnen bestand aus zwei Basismodellen, den Special und den Deluxe. Die repräsentativsten und exklusivsten aller Varianten waren die Styleline Deluxe. Zu ihnen gehörte, wie bereits festgestellt, das Coupè Belair, und in der gleichen Modellreihe entstand auch das einzige Cabriolet des Jahres 1951. Aber während GM seinen ewigen Rivalen im Kampf um den Titel des größten Konstrukteurs wieder einmal weit hinter sich ließ (1 229 986 gegen 1 031 381 Exemplare im Jahr 1951), fand das Cabriolet von Ford größeren Anklang beim Publikum. Dearborn verkaufte 40 934 dieser offenen Versionen, während Chevrolet nur 20 172 Käufer fand. Der Preisunterschied – 1949 Dollar für das Ford-Cabrio 2030 Dollar für Chevrolet – war zu unbedeutend, um dieses Resultat zu rechtfertigen.

Tatsache ist, daß die Chevy Opfer ihrer Motorisierung waren. Rein leistungsmäßig war der Sechszylinder dem V8 überlegen (105 gegen 100 PS), aber im Fahrbetrieb machte sich der Unterschied zugunsten des V8 deutlich bemerkbar, was auch der Kundschaft nicht entging.

Jedenfalls gefielen die Cabriolets von Ford besser als die von Chevrolet. Weder die Bel Air der Jahre 1955/56/57, obwohl sie für ihre Eleganz bekannt waren, und noch weniger die Corvette konnten diese Tendenz beeinflussen. Aber wahrscheinlich war dieser Sieg nur ein schwacher Trost für den Konstrukteur aus Dearborn, der wohl lieber in allen Kategorien die Nummer 1 gewesen wäre.

Mit seinen eleganten Modellen sicherte sich Chevrolet 1950 einen klaren Vorsprung vor Ford. Obwohl es populäre Limousinen waren, hatte der Innenraumgestaltung besondere Sorgfalt gegolten.

521 VV·95

STUDEBAKER

CHAMPION 1951

PIONIERGEIST

Man kann auch mit 99 noch in Hochform sein. Das war bei der Firma Studebaker im Jahr 1951 der Fall. Dabei waren dem dienstältesten Konstrukteur aus South Bend/Indiana auch Tiefen nicht erspart geblieben, Momente, in denen er hat am Rande des Abgrunds stand und sich in letzter Minute doch noch fangen konnte. Über zehn Jahre lang glich die Produktion der Firma Studebaker einer Berg- und Talbahn: Aus Höhen von 123216 Exemplaren im Jahr 1930 fiel die Produktion drei Jahre später auf 12531 Einheiten, um 1937 wieder auf 98000 anzusteigen und von neuem ein Jahr später auf 46787 abzugleiten, bis Studebaker erneut ein spektakulärer Aufstieg gelang.

Die Nachkriegszeit begann Studebaker in den »Startingblocks«: South Bend war der Konkurrenz zuvorgekommen, deren Modelle im Vergleich zu den 1947 eingeführten neuen Studebaker plötzlich um zehn Jahre gealtert schienen. Mit den Studebaker hielt der Ponton-Stil einen triumphalen Einzug in der amerikanischen Automobilindustrie. Diese damals zweifellos gewagte stilistische Neuerung war Raymond Loewy zuzuschreiben, einer Persönlichkeit, auf die etwas näher einzugehen sich lohnt.

STUDEBAKER

CHAMPION 1951

Die Stilisten haben ihre Inspiration oft aus der Luftfahrt entnommen, wie diese von Raymond Loewy entworfene »Bullet nose« der Studebaker aus den Jahren 1950/51 beweist. Die Kontrollinstrumente sind halbkreisförmig um die auf der Mittelachse des Lenkrads liegende Uhr angebracht.

Im Gegensatz zu Harley Earl, der sein Talent ganz in den Dienst des Automobils gestellt hatte, erstreckte sich Loewys geniale Begabung für künstlerisches Design auf alle Industriezweige, für die er mit gleichem Erfolg Teetassen, Lokomotiven, Photokopiergeräte oder Kühlschränke entwarf. Er wachte jedoch immer eifersüchtig über seine Unabhängigkeit und arbeitete nie ausschließlich für eine einzige Firma. Seine ersten Kontakte zur Welt des Automobils reichten in das Jahr 1932 zurück, als Hupmobile sich seine Dienste sichern wollte. Die dauerhaftesten und schöpferischen Beziehungen entwickelte Loewy jedoch zu Studebaker.

Alles begann damit, daß Paul G. Hoffmann – Vizepräsident für Absatzförderung oder stellvertretender Leiter der Verkaufsabteilung – Loewy mit dem Entwurf einer neuen Baureihe für 1937 beauftragte. Die Loewy-Modelle mit ihrem windschnittigen Kühlergrill und ihren zur Hälfte in den Kotflügelspitzen integrierten Scheinwerfern waren attraktiv und verkauften sich von Anfang an gut.

Die ersten 1947 von Studebaker herausgebrachten Modelle trugen demnach zum zweiten Mal den Namenszug Loewys. Ihre Entstehung gab jedoch Anlaß zu heftiger Polemik, da Virgil Exner ebenfalls die Vaterschaft beanspruchte.

Als Exner Pontiac im Jahr 1939 verließ, schloß er sich dem Team Raymond Loewys an, wo ihm die ersten Entwürfe der zukünftigen Studebaker anvertraut wurden. Aber die beiden Männer vertrugen sich nicht und trennten sich kurze Zeit später. Der Bruch war mehr oder weniger von Ray Cole, Chefingenieur bei Studebaker, provoziert worden, der für Exner Partei ergriff und ihn bat, die Entwürfe Loewys zu überarbeiten. So modifizierte Exner mit einigen Bleistiftstrichen die Front und entwarf einen neuen Kühlergrill. Es heißt, daß Cole sich aktiv an der Intrige beteiligte und Loewy falsche Konstruktionspläne zeigte. Jedenfalls schien das Betriebsklima alles andere als harmonisch gewesen zu sein.

1950 übernahm Loewy wieder uneingeschränkt die Lei-

236 BRG 75

STUDEBAKER

CHAMPION 1951

tung des Stilbüros. Die Front wurde einer erneuten Modifikation unterzogen und alle Studebaker zeigten sich von jenem Zeitpunkt an mit der berühmten »Bullet nose«, der von weitem erkennbaren Flugzeugnase, die zumindest den Vorzug hatte, zu den originellsten Kühlgergrills der Automobilgeschichte zu gehören.

Diese Epoche zeichnete sich nicht nur durch stilistischen Erfindungsreichtum aus. Auch auf technischem Gebiet konnte Studebaker Pluspunkte verbuchen. Mitte der 50er Jahre brachte die Firma ein unter Mitwirkung von Borg-Warner entwickeltes Automatikgetriebe heraus. Mit dem Packard-»Ultramatic« war es die einzige, von einem unabhängigen Konstrukteur hergestellte Kraftübertragung.

1951 erschienen die V8 mit hängenden Ventilen. Mit 3,8 Litern Hubraum und 120 PS besaßen sie zwar nicht das Kaliber der GM- oder Chrysler-Motoren, führten aber die Mode der kompakten V8-Triebwerke unter 4,3 Liter ein, der sich später auch Dodge, Plymouth, Ford und Chevrolet anschlossen. Der neue Motor wurde serienmäßig in die Commander eingebaut, während die Champion weiter den alten Sechszylinder mit 2,8 Litern Hubraum und bescheidenen 85 PS erhielten.

Studebaker bot zwei vielgestaltige und komplette Baureihen an: Neben den 13 Champion-Versionen und 8 Commander-Modellen konnte der Kunde zwischen zahlreichen Karosserieangeboten wählen. Das originellste Modell war zweifellos das fünfsitzige Coupè mit seinem aus vier halbkreisförmig angebrachten Fenstern bestehenden Glasanbau im Heck, von dem böse Zungen behaupteten, daß man ihn nicht von der Vorderseite unterscheiden konnte.

Zu jeder der beiden Baureihen gehörte ein Cabriolet mit den Namen Regal Commander und State Champion. Mit 2157 und 2381 Dollar waren es die teuersten Modelle jeder Serie. Alle Freunde von Fahrtwind im Champion-Cockpit wurden gebeten, sich schnell zu entscheiden, denn 1952 standen die beiden Cabriolets in dieser Form zum letzten Mal im Katalog, bevor sie zusammen mit den anderen Modellen der Baureihe neue Karosserien erhielten. Die »Bullet nose« machte einem klassischeren Kühlergrill Platz, dessen gewollt aggressives Styling im Zähne-Motiv die ganze Frontbreite einnahm. Die beiden Motoren blieben unverändert und schienen im Vergleich zur Konkurrenz immer kraftloser zu werden. Studebaker hatte nämlich andere Sorgen. Die Firma bereitete fieberhaft den besonderen Jahrgang 1953 vor. Die Eleganz der künftigen Modelle, die wieder nach Entwürfen Raymond Loewys entstanden, sollte ganz Amerika in Staunen versetzen.

Bedauerlicherweise erwies sich die Einhaltung der langjährigen Unabhängigkeitspolitik als immer problematischer. Die Kluft zwischen den drei großen Konstrukteuren und dem Rest vergrößerte sich täglich. Studebaker kam nur mit kräftiger Unterstützung der Banken über die 50er Jahre hinweg, und erst mit Einführung des kleinen »Lark« ging es vorübergehend finanziell wieder etwas bergauf. Aber leider genügte auch dieser Erfolg nicht, um die Firma vor dem Untergang zu retten.

Die Studebaker Commander besaßen einen modernen V8, während sich die Champion mit einem weniger starken Reihen-Sechszylinder begnügen mußten. 1953 verschwanden die Modelle aus dem Firmenkatalog.

CADILLAC

ELDORADO 1953

DIE GLÜCKSRÄDER

Wie die Hufen der Zauberpferde aus Sagen und Legenden, die den Straßenstaub in Goldstaub verwandeln, ist der Cadillac Eldorado – der Goldene – von einem Nimbus umgeben, in dem sich Pracht und Glanz des Landes der unbegrenzten Möglichkeiten widerspiegeln.

Dieses prachtvolle Cabriolet Baujahr 1953 ist in gewisser Weise das Meisterwerk der Firma. Nachdem Cadillac 1948 seinen Stil durchgesetzt hatte und an der Spitze der Hierarchie aus Detroit angelangt war, wurden die Modelle der Marke ein Symbol für Luxus und Reichtum und verdängten die in Widersprüche und Traditionen verstrickten Packard. Das Erscheinen des Eldorado versetzte ihnen den Gnadenstoß.

Eldorado – ein Name, bei dem Vorstellungen von einem unerreichbaren Eden lebendig werden, einem Land unvorstellbarer Schätze, in dem sogar der Ärmste mühelos zum Nabob wird. Am erstaunlichsten war, daß der Namensgebung diesmal keine langen Forschungsarbeiten und Dis-

LU·56689

CADILLAC

ELDORADO 1953

Der Cadillac-Eldorado ist ein echter, Wirklichkeit gewordener »Dream-car«. Er zeichnet sich durch eine Ausbuchtung an der Tür-Oberkante, Speichenräder und vor allem durch eine erstmals bei einem Serienmodell eingeführte Panorama-Windschutzscheibe aus. Der Innenraum wartete mit einem damals unerhörten Luxus auf.

kussionen vorausgegangen waren. Bei einem von der Firmenleitung organisierten internen Wettbewerb hatte eine Sekretärin der Vertriebsabteilung den Namen vorgeschlagen, der sofort allgemeinen Beifall fand.

Obwohl der Eldorado auf der Basis der Serie 62 – die »populären« Cadillac – mit dem Radstand von 3,2 m entstanden war, nahm er innerhalb der Baureihe, von der er sich schon äußerlich durch einige Details unterschied, eine Sonderstellung ein: Sein niedriger gelegtes Fahrwerk, seine in Türhöhe geschwungene Gürtellinie und sein stufenlos in das Kofferraumprofil übergehendes, elektrisch zu bedienendes Verdeck aus Stahlblech streckten die Linien und verfeinerten die Gesamterscheinung. Vor allem aber war das unverkennbare Merkmal des Eldorado die Panorama-Windschutzscheibe, die er als erstes Modell serienmäßig erhielt. Die gesamte amerikanische Automobilindustrie folgte bald diesem Beispiel.

Als letzte Neuheit besaß der Eldorado prächtige Speichenräder, die bei den anderen Modellen als Extras erhältlich waren. Die Heckpartie mit den kleinen charakteristischen Kotflügelspitzen und der Kühlergrill der Serie 62 waren unverändert geblieben. Der Kühlergrill war für Harley Barl übrigens ein Stein des Anstoßes gewesen. Earl wollte ein neues Design mit geschwungenen Stoßstangen einführen, in denen die enormen, »Dagmar« genannten Hörner integriert werden sollten, anstatt wie bisher an beiden Seiten im Kühlergrill zu sitzen. Leider fand das Projekt keinen Anklang. Aus Ärger brachte Earl seine Entwürfe zu Oldsmobile. 1954 schloß sich die Cadillac-Firmenleitung schließlich den Ansichten des Meisters an.

In punkto Mechanik unterschieden sich die Eldorado durch nichts von ihren Schwestermodellen. Ihr direkt vom 1949 entwickelten V8 mit hängenden Ventilen abgeleitetes Triebwerk mit 5,4 Litern Hubraum leistete 210 PS bei 4150/min und war an das GM-Automatikgetriebe »Hydramatic« gekoppelt. Am 12. August 1953 wurde das Werk in Livonia, in dem die Getriebe hergestellt wurden, durch einen Brand zerstört. Darauf überarbeitete man die Cadillac für den Einbau der »Dynaflow«-Getriebeautomaten von Buick. Insgesamt 28600 Exemplare wurden mit diesem Bauteil ausgestattet, unter denen sich wahrscheinlich auch etliche Eldorado befanden.

532 Einheiten zählte die Kleinserie des »Dreamboat«, wie der Amerikaner das Eldorado-Cabriolet nannten. Das war im Vergleich zu den 109651 Cadillac, die im Jahr 1953 vom Band liefen wenig, aber sehr viel, wenn man ihren Preis von 7750 Dollar als Maßstab nimmt! Der Eldorado kostete 3500 Dollar mehr als ein Cabrio der Serie 62 und verdiente seinen Beinamen »Cadillac aus massivem Gold«!

Der mit zahlreichen Chromteilen dekorierte Innenraum war ganz mit Leder bezogen, das in vier Farbtönen zur Wahl stand. Es gab auch ein ebenfalls mit Leder verkleidetes Spezial-Instrumentenbrett, das sich über die Türinnenseiten hin verlängerte. Verdeck, Fenster und Sitzbank im Fond waren elektrisch zu betätigen, und Lenkhilfe, Radio mit Sendersuchlauf sowie eine ausgeklügelte Klimaanlage vervollständigten eine für damals ungewöhnlich sorgfältige Detailausstattung, die den Passagieren ein Höchstmaß an Komfort bot.

Unabhängig von den Produktionsziffern diente der Eldorado der Firma Cadillac als Aushängeschild. 1953 ging der gesamte GM-Konzern jedoch zur Offensive über: Buick und Oldsmobile entwickelten ihrerseits zwei Sondermodelle: Skylark und Fiesta waren zwei prachtvolle Cabriolets, die in Kleinserien von jeweils 1690 und 458 Exemplaren produziert und attraktiv und werbewirksam aufgemacht wurden. General Motors war die unbestrittene Nummer Eins, die neben dem »Know-how« auch die Gabe besaß, sich ins rechte Licht zu setzen.

LU
56689
CH

PACKARD

CARIBBEAN 1953

DIE LAST DER TRADITION

Im Jahr 1953 schrieb die Filmgesellschaft Warner Bros einen großen Wettbewerb aus, mit dem ein Künstlername für die junge Schauspielerin Joan Weldon (deren Laufbahn übrigens nur von kurzer Dauer war), gefunden werden sollte. Als ersten Preis bot Warner Bros das neue Packard-Cabriolet Caribbean an, das als »prestigereichster Sportwagen Amerikas« eingeführt wurde.

Diese Anekdote ist beispielhaft für die fast magische Aura, die den Namen Packard noch Anfang der Fifties umgab. Leider war die Realität weniger erfreulich: Pakkard kämpfte mit Nägeln und Zähnen ums Überleben.

Im Grunde hatte der Konstrukteur vom East Grand Boulevard den Start ins neue Jahrzehnt verpaßt und im technischen Wettstreit nicht mitgehalten, der 1949 mit Cadillac und Oldsmobile begann. Seit langem hatte die Firma keine Neuerungen mehr vorzuweisen, wenn man von der 1950 entwickelten, »Ultramatic« genannten, hervorragenden Kraftübertragung absieht. Packard ließ sich von der Kon-

PACKARD

CARIBBEAN 1953

kurrenz buchstäblich überrumpeln und mußte zuerst einmal das Vordringlichste erledigen. Dabei gab es vor allem eine Priorität: Die Entwicklung einer neuen, attraktiven Modellreihe. Mit dieser Aufgabe wurde ein junger Stilist namens John Reinhart betraut, der später bei Lincoln mit dem Entwurf des großartigen Mark II von sich reden machte. Die neue Serie wurde im März 1951 vorgestellt – leider ohne großen Erfolg. Packard hatte sich ohne jegliche persönliche Note oder eine Spur von Originalität einfach den gerade gültigen Modetendenzen angepaßt. Auch der wuchtige Kühlergrill konnte nicht überzeugen. Die Erwartungen, die man in die neuen Modelle gesetzt hatte, waren enttäuscht worden. Am Ende des Jahres 1952 häufte sich ein Bestand von 30000 Autos. Die Firmenleitung, die sich ihrer Schwächen und ihres Rückstands bewußt war, hatte in der Zwischenzeit einen Retter engagiert. Der Mann der Vorsehung namens James J. Nance, der bereits Wunder auf dem Gebiet der Elektrogeräte vollbracht hatte, nahm ohne zu zögern das finanziell verlockende Angebot eines Firmenleiters an.

Radikale Maßnahmen waren zur Sanierung der Firma unerläßlich. Nance startete daher ein großes Modernisierungsprogramm, das endlich auch die Entwicklung eines V8 beinhaltete, der 1954 einsatzbereit sein sollte. Bis dahin mußte die Kundschaft vertröstet werden, und so wurden wieder einmal Reste aufgewärmt, die größtenteils noch aus den 40er Jahren stammten.

1953 verschwanden die Ziffern der Typenbezeichnung (200, 300 und 400), um anschaulicheren Namen, wie Mayfair und Cavalier, Platz zu machen, die sich zum bereits existierenden Patrician gesellten. Clipper hießen von diesem Zeitpunkt an die Modelle der preisgünstigsten Baureihe. Die echte Neuheit des Jahres war jedoch der Caribbean, ein Spitzenklasse-Cabriolet und direkter Rivale des Cadillac Eldorado. Wie dieser diente der Caribbean vor allem als werbewirksames Aushängeschild, dessen Sonderstellung das Packard-Markenimage verjüngen und dynamischer machen sollte.

Der vom Serien-Cabriolet abgeleitete Caribbean hatte auch einige stilistische Details vom Pan American übernommen, ein im Vorjahr auf der Ausstellung in New York vorgeführter »Show-car«, an dem sich Richard Teague, der mit der Operation Caribbean beauftragte Stilist, inspiriert hatte. Dieses Ausstellungs-Cabriolet Baujahr 1952 zeichnete sich durch seine ausgeschnittenen hinteren Kotflügel aus, die den Blick auf prächtige Speichenräder mit dem berühmten roten Marken-Sechseck freiließen, sowie durch breite, die Radausschnitte und den unteren Flankenrand unterstreichende Chromleisten. An der Haubenspitze war eine breite, niedrige Luftöffnung eingelassen, während ein »Continental-kit« das Heck schmückte und zwei verchromte Zierteile die Kotflügelenden senkrecht mit den

Der Packard Caribbean ist ein Spezialmodell innerhalb der Baureihe und ein ebenbürtiger Rivale des Cadillac Eldorado. Zwei verchromte, rechtwinklig die Kotflügelenden abschließende Chromteile und ein serienmäßig montierter »Continental kit« verschönen das Heck des Caribbean. Man beachte die Qualität des Lacks und der Verchromung dieses im sonnigen Kalifornien zugelassenen Modells.

PACKARD

CARIBBEAN 1953

Heckleuchten verbanden. Das wichtigste Merkmal des Caribbean war jedoch die klare Linienführung der Flanken, die so glatt und eben waren wie Chinalack – ein maßvolles Styling, das in krassem Gegensatz zum damaligen überladenen Stil stand.

Um ehrlich zu sein, gestehe ich eine kleine Vorliebe für die elegant geschwungenen Linien des Cadillac Eldorado, dessen obere Flankenprofile die Rundungen der Haube und Fenster unterstreichen. Die schmucklose Karosserie des Packard strahlt dagegen Würde aus und flößt Respekt ein. Das schlichte Konzept findet sich auch im Innenraum, wo ein einfaches lackiertes Instrumentenbrett aus Stahlblech, drei in ein poliertes Metallteil eingelassene Rundinstrumente und ein Radio über einem großen verchromten Lautsprecher den Fahrer erwarten, sobald er sich hinter das riesige, elfenbeinfarbene Lenkrad setzt. In dem Delirium, das sich im Laufe der Zeit der Konstrukteure bemächtigte, hatte die »alte Dame« aus Detroit eine gewisse Zurückhaltung bewahrt.

Was den Motor betraf, so war dem treuen Reihen-Achtzylinder mit fünffach gelagerter Kurbelwelle und 5,3 Litern Hubraum ein weiteres Leistungsplus abverlangt worden, mit dem er neuerdings 180 PS abgab. Im Vergleich zu den 180 und 188 PS der V8 von Chrysler und Buick war das kein schlechtes Resultat. Nur Lincoln und Cadillac überschritten in jenem Jahr die 200-PS-Grenze.

Im Jahr 1954 mußte Packard, wenn er weiter konkurrenzfähig bleiben wollte, den großen, 1951 überarbeiteten Block wieder hervorholen. Ungeachtet seines ehrwürdigen Alters wurde der Veteran aus den 30er Jahren aufgebohrt, der Hub verkürzt und das Verdichtungsverhältnis bis an die Grenze des Möglichen erhöht. Damit gaben die 5,9 Liter des treuen Triebwerks, das eine erstaunliche Anpassungsfähigkeit bewiesen hatte, schließlich 212 PS ab.

Unter Berücksichtigung seines exklusiven Charakters kann der Caribbean als ein Verkaufserfolg bezeichnet werden. 750 Exemplare fanden zum Preis von 5210 Dollar Abnehmer – kein übertrieben hoher Preis, wenn man bedenkt, daß der preisgünstigste Clipper schon 2500 Dollar kostete. Im übrigen war die Bilanz des Jahres 1953 mit einer Gesamtproduktion von 90000 Exemplaren eher ermutigend. Die für 1954 programmierte Modernisierung konnte nicht planmäßig durchgeführt werden und die neuen Packard mit dem überarbeiteten V8 erschienen erst 1955. In der Zwischenzeit versuchte Nance, der wußte, daß sich die kleinen Konstrukteure nur mühsam über Wasser hielten, die unabhängigen Firmen in einer vierten Gruppe zusammenzuschließen. Er setzte sich mit Nash und Hudson in Verbindung, schloß sich aber schließlich an Packard und Studebaker an. Aber dieser Versuch konnte das unausweichliche Ende der Firma Packard nicht einmal hinauszögern.

Die Linien der Flanken sind so makellos ebenmäßig wie der Entwurf des Instrumentenbretts. Hinter dem großen elfenbeinfarbenen Lenkrad liegen drei in einem kunstvoll gearbeiteten Metallteil zusammengefaßte Rundinstrumente im Blickfeld des Fahrers. Der Mittelteil wird vom Radio beherrscht.

SPEED
LIMIT
15

CHEVROLET

CORVETTE 1954

EINE GEZÄHMTE RAUBKATZE

Meist werden die amerikanischen Autos als enorme, träge, im Stil überladene und im Fahrverhalten gutmütige Monster hingestellt. Die Corvette kann als Antwort auf diese Klischees gelten. Es stimmt zwar, daß die Amerikaner keine legendären Coupés wie Ferrari oder spartanische und trotzdem bestechende Roadster wie die englischen MG gebaut haben, aber ihre Automobilleidenschaft hat immerhin zu einigen rassigen Vollblutexemplaren geführt. Die Mercer Raceabout und Stutz Bearcat zu Beginn des Jahrhunderts konnten es mit den zeitgenössischen Delage aufnehmen, während die Auburn und Cord der 30er Jahre den prachtvollen Mercedes in nichts nachstanden.

Nach dem Krieg hatte Amerika allerdings für sportlich ambitionierte Fahrer nicht viel anzubieten. Sie mußten, wenn sie ihrer Automobilleidenschaft frönen wollten, die famosen MG, von denen die in England stationierten G.I.'s so beeindruckt waren, oder noch besser, den ganz frisch

418
GMV 75

CHEVROLET

CORVETTE 1954

zugelassenen Jaguar XK 120 aus Europa einführen. Notfalls konnten sie bei einigen Außenseitern der amerikanischen Automobilszene anfragen, die einen Vorstoß auf dem Markt versuchten. So entstanden Anfang der 50er die Nash Healey und Kaiser Darrin, während an der Westküste die ersten Hersteller von Karosserie-Bausätzen aus Polyester – ein während des Krieges aufgekommenes Material – auftauchten, die originelle, auf Serienfahrwerken zusammenbaubare Karosserien anboten. Alle diese Initiativen schienen Detroit nicht zu interessieren, wo die großen Firmen des Konzerns ungerührt und ausschließlich geräumige, komfortable Familien-Limousinen bauten, die den Ansprüchen der breiten Masse genügten. Nach den Verkaufsziffern zu urteilen, hatten sie damit recht: Nur 11 000 der 4 Millionen Autos, die 1952 in den USA verkauft wurden, waren Sportwagen, d. h. nur 0,28 % der gesamten Automobilproduktion.

Nichtsdestoweniger träumte man auch in den Forschungsbüros von spritzigen spartanischen Roadstern. Die Väter der Chevrolet, Ford oder Plymouth hätschelten alle ihre mehr oder weniger offen eingestandene Lieblingsidee, einen Sportwagen nach ihrem Herzen zu bauen. Harley Earl fand Wege zur Verwirklichung seiner Pläne: Mit den »Motoramas«, den Wandervorstellungen, auf denen GM seine Traumautos vorführte, verfügte der Chefdesigner des Konzerns über eine ideale Möglichkeit, seiner Phantasie freien Lauf zu lassen. Sein erster Dream-car, ein Buick mit dem Namen Y-Job, entstand 1938 als zweisitziges Cabriolet. Nach dem Krieg kehrte Earl wieder zu seinen Stilstudien zurück, um 1951 den Le Sabre und im folgenden Jahr den Buick XP 300 vorzustellen, die alle Merkmale eines reinrassigen Sportwagens in sich vereinigten: Niedrige Bodenfreiheit, gestreckte Linien, zweisitziges Cockpit und Hochleistungsmechanik.

Aber Harley Earl hatte noch andere Ideen: Außer den avantgardistischen Schöpfungen wollte er einen kleinen, zur Serienproduktion geeigneten Roadster entwickeln. Im Herbst 1951 machte er sich an die Arbeit, bei der ihm ein junger Ingenieur namens Robert F. McLean behilflich war. Entgegen den Gepflogenheiten begann McLean sein Projekt mit der Hinterachse und setzte die Arbeit in Richtung Front fort, wobei er Insassen- und Motorraum so zentral wie möglich unterbrachte. Um die Produktionskosten zu senken, sollten möglichst viele Serienteile angepaßt oder unverändert übernommen werden. Dafür sorgte Ed Cole, ein kürzlich von Cadillac zu Chevrolet übergetretener Ingenieur. Cole war es auch, der den Motor weiterentwikkelte. Damals gab es bei Chevrolet nur den soliden Sechszylinder, der mit Erfolg die Familienlimousinen antrieb, für einen Sportwagen aber ungeeignet war. Dank einer neuen Nockenwelle, eines mechanischen und nicht mehr hydraulischen Ventilmechanismus, einer von 7,5 auf 8:1 erhöhten Verdichtung, drei Querstromvergasern plus diverser sonstiger Verbesserungen stieg seine Leistung in kürzester Zeit von 106 auf 150 PS. Bei der Kraftübertragung wählte man die einfachste Lösung: Da sich das verfügbare mechanische Dreiganggetriebe nur schwer unterbringen ließ, wählten die Ingenieure den »Powerglide«-Zweigangautomaten, der problemlos montiert werden konnte.

Im Januar 1953 machte die Corvette im Hotel Waldorf Astoria in New York ihr Debut vor Presse und Publikum. Harlow Curtice, GM-Präsident und Thomas Keating, Direktor von Chevrolet, kannten das Projekt seit Mitte des vergangenen Jahres, warteten aber den Ausgang dieser wichtigen Premiere ab, um das Signal zum Produktionsbeginn zu geben.

Fast vier Millionen Besucher bereiteten der neuen Corvette einen begeisterten Empfang. Die Produktion konnte anlaufen. Sechs Monate später, am 30. Juni 1953, war es in einer an das Chevrolet-Werk anschließenden Fabrikhalle endlich soweit. Aber der Start erwies sich als mühsam. Die Probleme lagen am Zusammenbau der Karosserieteile aus Glasfaser, einem neuen Material, das wegen seiner Leichtigkeit gewählt worden war, vor allem aber, um die zeitlich und finanziell aufwendige Fabrikation neuer Maschinen zu umgehen. Leider war man mit der Verarbeitung von Glasfaser noch nicht vertraut genug und anstatt unvollkommene Autos zu verkaufen, bremste die Chevrolet-Firmenleitung die Produktion und nahm vorerst keine Bestellungen mehr an. Nur 300 Corvette liefen 1953 vom Band, eine Vorserie, die in Wirklichkeit die Belegschaft mit den neuen Arbeitsmethoden vertraut machen sollte. Die Einheitsfarben der Modelle waren »Polo«-Weiß für die Karosserie und »Sportsman«-Rot für das Interieur. So brauchte man sich nicht auf die Farbkombinationen zu konzentrieren und konnte sich ganz dem Zusammenbau widmen.

1971 entstand die Chevrolet Corvette als der erste amerikanische Serien-Roadster. Die kurze, raubtierhaft wirkende Karosserie ist aus Glasfaser. Die Speichenräder passen gut zum Gesamtbild, obwohl sie nicht zur Serienausstattung gehören. Das Instrumentenbrett wurde oft kritisiert, weil die rechts angebrachten Rundinstrumente nur vom Beifahrer abgelesen werden konnten.

CADILLAC

SÉRIE « 62 » 1955

SAGEN SIE GANZ EINFACH CADILLAC

Cadillac – der Name knallt im Mund wie ein platzender »Bubble-gum« und genügt, um Onkel Sams Wunderland heraufzubeschwören.

1955 trugen die Modelle deutlich ihre reich dekorierten Kühlerfronten zur Schau und provozierten mit üppigen Rundungen, wie Marilyn Monroe im Film »Niagara«. Die kleinen Heckflossen waren immer noch vorhanden und sahen immer noch harmlos aus, aber der Eldorado schärfte schon die seinen in Erwartung der kommenden Jahre, die in Sachen Stil überwältigend wurden. Die begüterte Kundschaft war geradezu vernarrt in die großen Bonbons mit ihren Pastellfarben, weich und zart wie ein Slow von Elvis, die geräuschlos die Höhen von Beverly Hills hinabglitten. Sie machte es sich mit Genuß in den mit geschmeidigem lederbezogenen weichen Sitzen bequem und ließ ihre Blicke durch die verzerrenden Rundungen der Panorama-Windschutzscheibe über die Umgebung schweifen. Mit einem einfachen Fingerdruck betätigte sie

6107 SF 63

CADILLAC

SÉRIE « 62 » 1955

Verdeck und Fenster nach Lust und Laune, mit einer Handbewegung setzte sie die Klimaanlage in Betrieb. Bequem den Ellbogen auf den gepolsterten Türrand gestützt, ließ sie sich vom seidig laufenden V8 davontragen, der aus dem Jahr 1949 stammte, 5,4 Liter groß war und 250 PS leistete – 270 in der Eldorado-Version.

Aber nicht nur die Fahrgäste, sondern auch der Fahrer genoß das Cadillac-Fahrvergnügen in Form eines serienmäßigen Automatikgetriebes, einer Servo-Lenkung und einer Bremskraftunterstützung, mit denen sich die Autos mit dem kleinen Finger dirigieren ließen und ihre zwei Tonnen Chrom und Stahl sicher und gelassen den Schaukelbewegungen der weich abgestimmten Federung anpaßten.

In der Euphorie des Jahres 1955 verkaufte Cadillac etwa 140000 Modelle und belegte damit Platz 12 in der Hierarchie der Konstrukteure. Im folgenden Jahr hielt sich die Firma in dieser Position, belegte sie dann aber erst 1969 wieder. Die Cadillacs der mittleren fünfziger Jahre konnten übrigens in Ruhe »cruisen«, die gleichwertige Konkurrenz lag in den letzten Zügen, wie z. B. Packard, oder kam beim Versuch mitzuhalten außer Atem, wie Lincoln und Imperial. Harley Earl, der große Modeschöpfer von GM, hatte seinen Stil durchgesetzt und amtierte ohne Unterlaß, um die Modelle der Marke in den Augen des Publikums immer begehrenswerter zu machen.

1955 begann die letzte Entwicklungsphase des Eldorado Brougham, eine prunkvolle viertürige Limousine ohne Dachpfosten und einem Dach aus rostfreiem Stahlblech, die mit zahllosen ebenso exquisiten wie extravaganten Besonderheiten aufwartete, zu denen sechs auf einem magnetischen Sockel im Handschuhfach untergebrachte Kristallgläser oder eine Armstütze mit integriertem Parfümzerstäuber gehörten.

Der 1956 als Show-car vorgeführte Brougham wurde ein Jahr später zum phänomenalen Preis von 13000 Dollar in den Handel gebracht! Dabei hat Cadillac, so wird berichtet, an jedem Exemplar 10000 Dollar verloren.

Aber kehren wir zu unserem Cabriolet Baujahr 1955 zurück. Es kostete 4448 Dollar, d. h. 1838 Dollar weniger als der im gleichen Jahr gebaute Eldorado. Die Modelle dieser jeweils 8150 und 3950 Exemplare zählenden Serien vermittelten den Käufern die angenehme Gewißheit, einer Elite anzugehören.

Wer jetzt immer noch nicht vom exklusiven Charakter der Cadillac überzeugt ist, der soll erfahren, daß es in den großen Restaurants und Luxushotels damals besondere Parkplätze für sie gab!

Die vermögende Kundschaft war geradezu vernarrt in diese großen, glatten, pastellfarbigen »Bonbons«, paradierte auf den lederbezogenen Sitzbänken und hörte sich dabei Slows von Elvis an. Im Laufe der 50er Jahre sicherte sich Cadillac mit einem ausgeprägten, markentypischen Karosseriestil und ultra-luxuriöser Ausstattung endgültig die Vorrangstellung.

61 07 SF 63

BUICK

ROADMASTER 1956

Roadmaster, »Herr der Straße« – damit ist schon alles gesagt. Ein Buick ist zum Fahren und Dominieren geschaffen. Er ist ein unermüdlicher Begleiter, der die Kilometer mit der gleichen Unbeirrbarkeit verschlingt, mit der ein Holzfäller eine hundertjährige Eiche in Stücke zerlegt. 1953 hatte Buick einen V8 entwickelt, was an sich keine wirkliche Neuheit war, denn mehrere Konstrukteure besaßen bereits einen Motor dieses Typs. Dieses neue Triebwerk wies jedoch einige Besonderheiten auf. Vor allem war es der erste 12 Volt-V8, dann hatte sein Schöpfer, Joseph D. Turlay einen kurzen Hub gewählt. Obwohl keine Mehrleistung erzielt wurde, brauchten die Buick damit die Konkurrenz nicht zu fürchten, nicht einmal die direkten Rivalen Chrysler 300, mit denen sie sich erfolgreich im Wettbewerb maßen.

Der mit 5,2 Litern Hubraum und 164 bis 188 PS Leistung angekündigte Motor erreichte 255 PS in dem hier gezeigten Cabriolet Raodmaster Baujahr 1956,. das in knapp 10 sec von 0 auf 100 km/h beschleunigte und maximal 180 km/h erreichte. Diese Fahrleistungen waren auf einem »Redliner« genannten Kontrollinstrument abzulesen, einem 1954 von Ingenieur Helgeby der Abteilung »AC Spark Plug« entwickelten Ausstattungsgadget, das die herkömmliche Nadel durch einen roten Strich (line) ersetzte, der sich – etwa wie das Quecksilber im Thermometer bei erhöhter Temperatur – bei erhöhter Geschwindigkeit verlängerte.

BUICK

ROADMASTER 1956

Der Motor war serienmäßig mit dem Dynaflow-Automatikgetriebe verkoppelt. Letzteres hatte man im Hinblick auf die für den Roadmaster gehegten Ambitionen überarbeitet, um einen besseren mechanischen Wirkungsgrad, vor allem aber eine bessere Beschleunigungselastizität zu erzielen. Mit diesem Getriebe wurden auch die Super und Century ausgestattet, während es bei den Special wahlweise zur Verfügung stand.

Hatte sich 1953 durch technische Neuerungen ausgezeichnet, war 1954 das Jahr des »Restyling« Die Buick hatten mit der Panorama-Windschutzscheibe erstmals ein GM-Merkmal übernommen. Die neuerdings völlig glatten Flanken wurden nur durch eine Chromleiste in V-Form etwas aufgelockert, deren Linie mit dem oberen Profil der in Flossenansätzen auslaufenden Kotflügel harmonisierte. Diese stilistischen Details vervollkommneten sich im Lauf der beiden folgenden Jahre, bis die Buick 1956 elegante und rassige Autos wurden, vor allem die Super und Roadmaster mit dem Radstand von 3,2 m, während die Special und Century einen um etwa 12 cm kürzeren Radstand besaßen. Die senkrechten Chromleisten des Kühlergrills hatten einem feinmaschigen Motiv Platz gemacht, und die hinteren Kotflügel hatten sich zu reinrassigen, gerade profilierten Heckflossen ausgewachsen, die in einer senkrechten Heckleuchte ausliefen. Die tiefen Radausschnitte ließen die Hinterräder völlig frei, ein stilistischer Effekt, der das strenge Seitenprofil auflockerte und 1956 bei allen Modellen der Baureihe zu sehen war. Im Innenraum erwartete Fahrer und Fahrgäste die GM-Atmosphäre in ihrer ganzen Pracht.

Das gepolsterte Oberteil des Instrumentenbretts war mit Moleskin verkleidet, das Unterteil lackiert. In einem Mittelteil aus Preßstahl befanden sich die rechteckig ausgeführten Instrumente, eine Form, die immer häufiger zu sehen war. Für Buick war die Epoche der mittleren fünfziger Jahre eine Zeit der Hochkonjunktur. 1954 stand die Firma an dritter Stelle auf der Rangliste der Konstrukteure und verdrängte damit Plymouth, der seit 1931 diesen Platz behauptete. Mit 781296 Zulassungen stellte Buick 1955 einen neuen Produktionsrekord auf, der erst 1973 verbessert wurde.

Aber der Himmel über Flint war nicht ganz so wolkenlos, wie es vielleicht den Anschein hatte. Seit einiger Zeit zeigten die Modelle chronische Mängel. Die Achsgetriebe konnten die Leistung schlecht verkraften, und die Bremsen waren nicht immer zuverlässig. Ralph Nader wies in seiner Anklageschrift »Diese Autos töten«, auf diese Problematik hin. In ihrer Bemühung um Produktionssteigerung hatte die Firma der Qualität ihrer Modelle weniger Aufmerksamkeit geschenkt. Das war ein großer Fehler, denn bei Kunden wie bei Markenhändlern wurde immer häufiger Kritik laut. Der berühmte Werbeslogan: »Das beste Auto stammt immer von Buick«, verlor an Glaubwürdigkeit. Zu allem Unglück erntete die Version 1957 trotz ihrer unbestreitbaren Eleganz heftige Kritik. Das dreiteilige Heckfenster wurde als veraltet bezeichnet, und die ausgeprägte Krümmung der Panorama-Windschutzscheibe störte beim Einstieg in die Frontsitze. Ein Markenhändler aus Kalifornien riet seinen Kollegen, lieber die noch verfügbaren älteren Versionen anzufordern, weil nur sie noch Abnehmer fanden!

Nach den glorreichen Jahren begann für Buick eine Zeit des Alptraums: Von 1958 bis 1961 fielen die Produktionsziffern unter die 300000-Grenze und 1960 nahm Buick nur noch den 9. Platz unter den Produzenten ein.

Schließlich – Ironie des Schicksals – verdankte die für ihre luxuriösen Modelle bekannte Marke ihre Rettung vor allem den kleinen Versionen Special und Skylark, die 1961 auf dem Markt erschienen, sodaß Buick während der Sixties wieder mit Gewinn arbeiten konnte. Wenn die »kompakten« Versionen auch nicht unseren uneingeschränkten Beifall finden, so haben sie zumindest zur Rettung einer der sympathischsten Marken der »Motor City« beigetragen.

Nur die amerikanischen Straßenkreuzer der 50er Jahre konnten sich derart provozierende Farbkombinationen leisten, ohne an Eleganz zu verlieren. Rosa und Schwarz sind bei diesem Buick durch eine Chromleiste getrennt, deren Linie die Form der hinteren Kotflügel unterstreicht. Das mit Moleskin verkleidete, gepolsterte, von einer breiten Zierleiste aus Preßstahl unterteilte Instrumentenbrett war ein typisches GM-Konzept.

ROADMASTER
4 4
DCW 75

PACKARD

CARIBBEAN 1956

DER STAR DER LETZTEN TAGE

1955 war für die amerikanische Automobilindustrie ein besonders gutes Jahr gewesen. Die Flossen hatten sich ausgewachsen, der vor fast zehn Jahren aufgekommene Ponton-Stil war ausgereift, die Panorama-Windschutzscheibe wurde immer beliebter und die Linien sahen eleganter aus. Ford brachte den Thunderbird heraus, elf Konstrukteure erneuerten ihre Baureihen, und vier nagelneue V8 erschienen auf dem Markt. Die Siegespalme in diesem Festival der Neuheiten errang jedoch die Firma Packard, die in einem bewunderungswürdigen Kraftakt den seit Anfang der 50er Jahre existierenden Rückstand aufgeholt hatte: Aktuelle Karosserien, originelle Radaufhängung und vor allem ein ganz neuer Motor. Der Jahrgang 55 verfügte über alle nötigen Komponenten zur Schaffung eines Meisterwerks.

Richard Teague modernisierte in einem Anflug genialer Inspiration auf meisterliche Weise und mit minimalem Aufwand die Linien von 1951. Dieses »Facelifting« war eine

579

PACKARD

CARIBBEAN 1956

echte Taschenspielerei gewesen: Die verlängerten hinteren Kotflügel liefen in senkrechten Heckleuchten vom Typ »Kathedrale« aus – ähnlich wie bei den Buick – (mit Ausnahme der Clipper, die das 1954er Heck behielten) während sie vorne durch einen über den Scheinwerfer montieren, in der Farbe der Karosserie lackierten Schirm länger schienen. Durch diesen stilistischen Trick wirkten die Versionen 55 niedriger und gestreckter, obwohl Gesamtlänge und Höhe der Gürtellinie unverändert geblieben waren. Richard Teague hatte außerdem eine Panorama-Windschutzscheibe an das alte Verdeck angepaßt.

Das gelungene »Restyling« war jedoch nicht das einzige Werbeargument für die neue Baureihe, die noch ganz andere erfreuliche Neuheiten bereithielt: Im Gegensatz zum zeitgenössischen Konzept wurden die Packard 1955 mit dem »Torsion Level Ride« ausgestattet, einem revolutionären Federungssystem mit längsliegenden Drehstäben, das durch eine elektronisch gesteuerte, den Beladungsänderungen angepaßte Niveauregulierung ergänzt wurde. Die Presse zeigte sich begeistert von der erfinderischen Neuheit und lobte einhellig das Fahrverhalten der neuen Packard, die mit den besten modernen Sportwagen rivalisieren konnten.

Schließlich oder vor allem war da der Motor, der lang erwartete Packard-V8. Er war modern, leistungsstark und zuverlässig – eine Version Patrician legte 25 000 Meilen ohne Pannen mit 170 km/h im Schnitt zurück und ließ die Konkurrenz weit hinter sich. Die Ingenieure hatten ganze Arbeit geleistet und alles auf einen großen Hubraum gesetzt. die 5,8 Liter gaben 260 PS ab – 275 unter der Haube des Caribbean. Mit Ausnahme des ausschließlich sportlich konzipierten Chrysler 300, dessen V8 runde 300 PS entwickelte, besaß der neue Packard-V8 das höchste Leistungsniveau aller amerikanischen Motoren. Die Clipper wurden mit einer kleinen Variante ausgestattet, die sich bei 5,2 Litern mit 225/245 PS begnügte.

Der Caribbean mit der größten Motorvariante, die – das sei nebenbei erwähnt – 5 PS mehr leistete als der Eldorado, spielte weiter die Rolle des »top-model« der Baureihe. Als einziges Cabriolet im Modellkatalog war es zum Preis von 5 932 Dollar auch das teuerste, dem die Firma die exklusivste Ausstattung vorbehielt. Den Insassen wurde jede Mühe erspart, denn der Caribbean war das vollautomatisierte Auto schlechthin, von elektrisch verstellbaren Sitzen und Fensterhebern über den automatischen Sendersuchlauf bis zu den beiden in den hinteren Kotflügeln untergebrachten Antennen. Als Kennzeichen seines Ranges besaß das Topmodell eine Dreitonlackierung, die mangels erlesenen Geschmacks immerhin von weitem erkennbar war. Zu den extravagantesten Farbkombinationen zählte das besonders kitschige Trio Weiß-Rosa-Schwarz und ein besonders appetitliches Vanille-Pistazie-Schokolade. Leider hatte die Kundschaften das Vertrauen in die Marke verloren, zumal das Automatikgetriebe »Twin-Ultramatic« mit doppeltem Schaltbereich die hohe Motorleistung nur schwer verkraften konnte und zahlreiche Probleme verursachte. Diese mangelnde Zuverlässigkeit schadete im ungünstigsten Moment dem Ruf der Packard als robusten Modellen. Mit nur 55 000 Stück war das Jahr 1955 ein klarer Mißerfolg für Nance, der mit einer Produktion von 100 000 Exemplaren gerechnet hatte.

Vanille – Pistazie – Schokolade – der Packard Caribbean aus dem Jahr 1956 ist eine »Ice cream« auf Rädern. Dieses Modell besitzt den größten, je in den USA gebauten V8 mit 6,1 Litern Hubraum und 310 PS Leistung. Das ganz aus Metall bestehende Instrumentenbrett ist ein Werk moderner Bildhauerkunst.

1956 verdoppelte die Firma ihre Bemühungen. Die Karosserien wurden diversen Modifikationen unterzogen, und alle Modelle erhielten die »Torsion Level Ride«-Federung. Clipper wurde eine unabhängige Marke. Gegen einen Aufpreis von 52 Dollar war für das Ultramatic-Getriebe eine rechts an der Lenksäule zu montierende Bedienung über Tasten erhältlich.

Hinter dem großen zweifarbigen Lenkrad erhob sich das massige, aber originell konzipierte Instrumentenbrett wie eine Wand aus Metall. Es war reich dekoriert und kunstvoll gearbeitet wie eine moderne Skulptur, mit einer kompletten Serie Kontroll- und Bedienungsinstrumente. Zu den sichtbaren Zeichen des Wohlstands gehörte außerdem ein zweiseitig verwendbares Bezugsmaterial für die Sitze – Leder für die Stadt, Stoff für das Land.

Aber alle diese Raffinessen nutzten nichts mehr, die Partie war endgültig verloren. Das viertgrößte Industriekartell, das Nance vorschwebte, blieb für immer ein Wunschtraum. Die Allianz mit Studebaker brachte nicht den erhofften Erfolg. Im Juni 1956 verließen die letzten – vielleicht sogar die besten – Packard die Fabrik am East Grand Boulevard. 276 Cabriolets vom Typ Caribbean waren im gleichen Jahr gebaut worden, gegen 500 im Vorjahr. Sie waren die letzten Vertreter einer Dynastie, deren Name noch einigen Zwitterversionen auf Studebaker-Basis als Aushängeschild diente, bevor sie endgültig von der Bildfläche verschwand.

CHEVROLET

BEL-AIR 1956

DER SPRITZIGE KLEINE

Um der Langeweile endloser Samstagabende in den verschlafenen, entlegenen amerikanischen Provinzstädtchen zu entgehen, improvisierten die »Kids« der »Fifties« an jeder Ampel der langen geraden Avenues Beschleunigungswettbewerbe. Bei Einbruch der Nacht fanden sich alte, zusammengebastelte Ford oder frisierte Mercury an den Kreuzungen ein. 1955 wurde der Sohn eines lokalen Chevrolet-Händlers unbestrittener König aller Kids. Mit seinem neuen Chevy verbreitete er Angst und Schrecken und schnappte allen Mitstreitern, die ihre Wut nur mühsam unterdrückten, die »Dates« vor der Nase weg.

Bis dahin schienen sich die Chevrolets mit ihrer bescheidenen Laufbahn abgefunden zu haben. Es waren vernünftig konzipierte, zuverlässige, robuste, ausdauernde Autos mit phantasielosen Karosserien, in die man ohne große Begeisterung stieg. Im Jahr 1955 brachen die neuen Modelle jedoch mit der Markentradition und machten mit der Vergangenheit Schluß. Die vormals friedlichen Limousinen für Familienväter wurden zum Idol der jungen Generation. Das Designer-Team, zu dem u. a. Clare McKichan, Bob Veryzer, Chuck Stebbins und Carl Renner gehörten, hatte bei den Direktiven Earls Abstriche gemacht. Sanfte, für das Auge erholsame Linien, ein Kühlergrill von größter Reinheit, maßvolle Heckflossen, diskrete Rücklichter und kein übertriebener Chromballast – die neuen Chevy unterschieden sich von allen anderen amerikanischen Autos. Auch die Ingenieure unter der Leitung Ed Coles hatten sich bei der Entwicklung des lang erwarteten, firmeneigenen V8 (der letzte stammte aus dem Jahr 1919!) selbst übertroffen.

371 RX 72

CHEVROLET

BEL-AIR 1956

Sie sollten einen soliden, leicht zu reparierenden Motor bauen und brachten schließlich ein Epoche machendes Triebwerk heraus. Verglichen mit der Konkurrenz war es ein kleiner, kompakter und relativ leicht Block – leichter zumindest als die immer noch existierenden alten Sechszylinder – der besonders schnell und sicher arbeitete. Das Basismodell leistete mit 4,3 Litern Hubraum 162 PS, mit dem »Power-pack«-Extra, d. h. einem Vierfachvergaser und Doppelauspuff, stieg die Leistung auf 180 PS. Noch nie hatte es in den Chevy-Annalen eine so spritzige Mechanik gegeben! Sie war so klein und kräftig, daß sie bald nur noch »Mighty mouse«, oder »der spritzige Kleine« genannt wurde, ein Kleiner, der Großes vollbrachte, denn er wurde Stammvater der besten Chevrolet-Motoren der folgenden Jahre. Die Firma gab mit der Namenswahl den Ton an: »The Hot One« hieß die neue Motorenfamilie, was mit »der Explosive« übersetzt werden kann.

Bei Chevrolet befand man sich 1955 entschieden in einer schöpferischen Periode, aus der auch der Nomad stammte, ein zweitüriger Kombi mit einer gestreckten, prachtvollen Karosserie, die dem Talent Carl Renners zu verdanken war. Im Grunde ließ sich die Existenz dieses Modells innerhalb der Baureihe nicht rechtfertigen, aber man wurde nicht müde, die elegante Linienführung zu bewundern. Der Nomad war weder ein reines Nutzfahrzeug, noch ein Sportwagen, sondern eher ein Mittelding zwischen beiden, eine Art avantgardistischer Jagd-Kombi. Es war das teuerste Modell der Reihe, aber auch das snobistischste und ist heute zweifellos das gefragteste.

1955 war ein ausgezeichneter Jahrgang für den Automobilbau, und für Chevrolet ein echtes Glücksjahr. Mit 1704667 Autos, ein Viertel der Gesamtproduktion, überschwemmte die Firma buchstäblich den Markt. Ford blieb weit zurück und tröstete sich mit der Feststellung, daß sein T-Bird die Corvette aus dem Felde geschlagen hatte, ein Sieg, der die bittere Niederlage aber nur wenig versüßte!

In den USA kann niemand dem ungeschriebenen Gesetz der alljährlichen Modernisierung und Aktualisierung entgehen, weshalb Chevrolet 1956 die Karosserien einem Restyling unterzog. Der Kühlergrill wurde verbreitert, die Scheinwerfer wurden integriert und die Heckflossen verlängert – allerdings mit Maßen – die Haube verlor die Rundungen, und eine anders geformte Chromleiste bestimmte die neue, wesentlich elegantere Zweitonlackierung der Flanken. Fazit: Die Reinheit der Linienführungt war erhalten geblieben und die neuen Karosserien wirkten gleichzeitig amerikanischer.

Der V8 zeigte nach einigen schnell vergessenen Kinderkrankheiten, was in ihm steckte. In der Basisversion leistete er mit dem mechanischen Getriebe immer noch 162 PS, eine Leistung, die mit dem Power-Glide-Automaten auf 170 PS anstieg. Aber mit dem »power-pack« gab der V8 diesmal 205 PS ab; außerdem hatte sich Zora Arkus Duntov, ein genialer Motorenspezialist, mit seinem Fall beschäftigt. Mit einer Spezial-Nockenwelle, einer höheren Verdichtung und zwei Vierfach-Vergasern stieg die Leistung mit einem Mal auf 225 PS. Mit dieser noch »explosiveren« Variante wurden die Corvette ausgestattet, die so zu echten Sportwagen avancierten.

Die Baureihe 1956 bestand aus insgesamt 19 Modellen und Varianten. Am unteren Ende befand sich die Serie 150, die wir vergessen können, denn ihre Ausstattung konnte sogar einen an Entbehrungen gewöhnten Eremiten das Fürchten lehren. Dann kam die etwas weniger dürftige Serie 210. Am oberen Ende befanden sich der legendäre Bel-Air und seine Ableitungen, populäre Autos, die mit Erfolg die hohen Herren spielten. Sogar ein amerikanischer Arbeiter konnte ihn gegen eine Handvoll Dollar mit Raffinessen versehen, die vor gar nicht allzu langer Zeit noch den Cadillac vorbehalten waren.

Verglichen mit der Konkurrenz sind die Linien dieses Bel-Air 56 eher zahm. Dafür besitzt er einen frisierten V8 mit dem Beinamen »der spritzige Kleine«. Im Innenraum findet man Lederverkleidung in den beiden Karosseriefarben und das V-Motiv, das auch das Instrumentenbrett kennzeichnet.

Die Bel-Air-Varianten zeigten sich auch mit den schönsten Karosserien, wie das Cabriolet oder der Nomad, dessen überflüssige Prachtentfaltung 7886 Kunden zum Kauf bewegte.

Vom Cabriolet entstanden in jenem Jahr 41268 Exemplare, d. h. fast ebensoviele wie im Vorjahr. Wie es schien, fand jedoch der ebenbürtige Ford Sunliner zum Preis von 2359 Dollar mehr Gefallen als der 2344 Dollar teure Chevy, denn Ford lag mit 58147 im Jahr 1956 verkauften Sunliner vor dem Bel-Air. Trotzdem bestätigte die Jahresbilanz die Vorherrschaft Chevrolets, der seinen Titel des ersten Konstrukteurs erfolgreich verteidigte.

1957 modifizierten die Stilisten zum letzten Mal die Bel-Air-Baureihe. Die Passagierzelle blieb unverändert, dafür erhielten die Modelle elegante, gestreckte Heckflossen und einen mit überflüssigen Chromballast beschwerten Kühlergrill. Konsequenz: Chevrolet wurde von Ford, der ganz neue Modelle herausbrachte, auf den zweiten Platz verwiesen. In den USA kommen die Autos schneller aus der Mode als in irgendeinem anderen Land. Chevrolet bereitete aktiv die Ablösung für 1958 vor. Die neuesten Repräsentanten der Marke waren größer und breiter, aber in den Augen der Puristen, für die nichts die Modelle 55–56–57 übertreffen konnte, wäre sie schwerfälliger und massiger als ihre Vorgänger. Kein anderer Chevrolet hat sie seither zu einer andern Meinung bekehren können!

371 RX 72

OLDSMOBILE

SUPER 88 1957

NEUERER AUS LEIDENSCHAFT

Wenn man von den ersten Jahren nach ihrer Gründung absieht, kann die Firma Oldsmobile auf eine fehlerfreie Karriere zurückblicken. Sie ist heute die älteste noch amtierende amerikanische Marke.

Dabei hatte GM ihr schon in den 20er Jahren eine undankbare Rolle zugewiesen, nämlich die einer Firma, die Mittelklasse-Autos für den Mittelstand baute. Diese schwierige Position hatte Oldsmobile nicht daran gehindert, sich immer auf dem neuesten Stand der Technik zu halten. So wurden die Modelle bereits 1937 mit einem halbautomatischen Getriebe ausgestattet und zählten im folgenden Jahr zu den ersten, die serienmäßig den berühmten Hydramatic-Automaten erhielten, ein GM-Bauteil, das sich durch besonders weiche Schaltvorgänge auszeichnete.

1949 kam eine neue Überraschung aus Lansing: Oldsmobile führte ein paar Wochen vor Cadillac einen ganz neuen, kipphebelbetätigten Hochleistungs-V8 mit dem Typennamen »Rocket« ein. Der Wettlauf um Leistungssteigerung hatte begonnen. Die Neuerungen gingen weiter: 1953 entstand der Fiesta, ein hyperluxuriöses Cabriolet in der Linie der Cadillac Eldorado und Buick Skylark. 1954 war die Panorama-Windschutzscheibe an der Reihe, und als Extra konnten die Kunden das »Autronic-eye« wählen, die automatische Leuchtweitenregulierung, ein bisher nur den Cadillac vorbehaltenes Detail. Mit der Entwicklung mehrerer »Dream-cars«, die als Werbeträger die Einbil-

OLDSMOBILE

SUPER 88 1957

dungskraft der Kundschaft stimulieren sollten, machte Oldsmobile erneut von sich reden. Das erste Ausstellungsstück nannte sich Starfire und wurde 1953 vorgeführt. Im Gegensatz zu anderen modernen Stilstudien handelte es sich bei diesem zweisitzigen Cabriolet mit Kunststoffkarosserie nicht um ein unrealistisches, unausführbares Idealkonzept. Seine klare Linienführung war ein Vorgeschmack auf das Produktionsmodell, das 1957 in dem hier gezeigten Cabriolet Form annahm. Man fand die maßvolle Eleganz und die niedrige, gestreckte Silhouette des »Show car« wieder, die Profilleiste, die an den Pfosten der Windschutzscheibe ansetzte, in Höhe des Türgriffs nach unten abzweigte, sich gerade über die Flanken hinzog, um an den Kotflügelspitzen auszulaufen. Vor allem besaß das neue Cabriolet wieder den charakteristisch breiten, vollendet ovalen Kühlergrill, dessen glänzende Chromlippen sich zu einem erstaunten Lächeln zu verziehen schienen.

Seit der Einführung des Futuramic im Jahr 1948 hatte Oldsmobile ununterbrochen den Stil seiner Modelle verbessert. Die Versionen 1957, die zu den schönsten und elegantesten des Jahres zählten, zeugten von einer meisterlichen Beherrschung des Ponton-Stils. Trotz allem entgingen auch sie nicht den »Gimmicks« – modischen Auswüchsen –, ohne die einer dieser amerikanischen Straßenkreuzer unvorstellbar ist. Die Scheinwerfer besaßen Chromeinfassungen, während die Rücklichter die Form von Raketenwerfern angenommen hatten ... wahrscheinlich für den nächsten Kampf der Sterne!

Die Baureihe 1957 bestand aus drei Modellen: Golden Rocket 88 und Super 88 besaßen ein Kurzchassis mit 3 m Radstand, während er bei den Starfire 98 3,2 m betrug. In jeder Serie gab es ein Cabriolet, das jeweils 3182 und 4217 Dollar kostete, während der hier gezeigte Super 88 für 3447 Dollar zu haben war. Im Gegensatz zu anderen Marken, deren guter Ruf zu verblassen begann, behielten die Oldsmobile ihr Image von Qualitätsfahrzeugen. Dabei spielte der V8 Rocket, der seit Anfang der 50 er einige größere Siege im Rennbetrieb verbuchen konnte (NASCAR-Meisterschaften von 1949 bis 1951, Carrera Panamericana 1950), eine wesentliche Rolle. Die leistungsstarken Oldsmobile waren der Schrecken der von der »Federal Police« umso strenger überwachten Freeways, als bereits von Geschwindigkeitsbegrenzung die Rede war.

1957 leistete der V8 mit 6 Litern Hubraum 277 PS, aber dank einer beliebten, Rocket J2 genannten Spezialausstattung, die aus drei Doppelvergasern bestand, stieg die Leistung auf 300 PS- Damit beschleunigten die Oldsmobile in acht Sekunden von 0 auf 100 km/h und könnten heute auch den turbulentesten unter den modernen GTI noch etwas vormachen. Der Hydramatic-Automat, wahrscheinlich das robusteste und effizienteste Getriebe der amerikanischen Automobilindustrie, sorgte für eine optimale Kraftausbeute.

Leider wurde Oldsmobile im folgenden Jahr vom Sog erfaßt, dem sich kein Konstrukteur widersetzen konnte. Maßlosigkeit, Größenwahn, Verrücktheit waren nur einige Prädikate, mit denen der Karosseriestil der »late-fifties« belegt wurde. Im Jahre 1958 hatten sich die Straßenkreuzer der Marke in bis an die Zähne bewaffnete Panzerkreuzer verwandelt. Trotz dieser barbarischen Mode überlebten die Oldsmobile die wirtschaftliche Flaute der folgenden Jahre und dienten weiter dem GM-Konzern, während Chrysler die Produktion der De Soto, direkte Rivalen der Oldsmobile, Anfang der 60er Jahre einstellte.

Dieser Oldsmobile Baujahr 1957 wimmelt nur so von »gimmicks«, charakteristische Stilelemente der amerikanischen Straßenkreuzer der 50er Jahre. Zu ihnen zählen die kunstvoll geschwungene Profilleiste zwischen Türgriffen und hinteren Kotflügeln, die Heckleuchten in Form von Raketenwerfern und die chromumrandeten Schirme über den Scheinwerfern. Das Instrumentenbrett ist ein unentwirrbares Durcheinander aus Chromteilen.

SUPER

FORD

THUNDERBIRD 1957

DER PHÖNIX AUS DEARBORN

Im 1957 feierte die Firma Ford bereits ihren fünfzigsten Gründungstag – ein halbes Jahrhundert, das im Zeichen der phantastischen Karriere des Modells »T« – brillante Verkaufserfolge und ebenso brillante Siege im Rennbetrieb – gestanden hatte. Da aber in Dearborn bisher der Mechanik immer Priorität vor der Ästhetik eingeräumt worden war, lag das Erbe des alten Henry Ford teilweise brach: Nie war der Ford-Namenszug im Kühlergrill eines wirklich rassigen Modells zu sehen gewesen.

Mit der Einführung des »Thunderbird« im Februar 1954 bewies die Firma jedoch auf meisterliche Weise, daß sie ihre Kunden überraschen und gleichzeitig mit Eleganz die Attacken europäischer Sportwagen kontern konnte, aber auch dem direkten Konkurrenten GM, der gerade die Corvette herausgebracht hatte, ebenbürtig war.

Der Mann dieses Gegenangriffs hieß Lewis D. Crusoe, amtierte als Vizepräsident und Generaldirektor und gehörte zu jener Generation Männer, die Henry Ford II zur Modernisierung und Sanierung der kranken Firma herbeizitiert hatte.

1957QF78
TRY IT YOU'LL LIKE IT

FORD

THUNDERBIRD 1957

Cursoe war der Meinung, daß aufregendere und exklusivere Modelle nötig waren, um das Markenimage wieder auf Hochglanz zu bringen. Ein von Amerikanern für Amerikaner konzipierter Sportwagen schien in Anbetracht der Begeisterung, mit der die europäischen Sportwagen begrüßt worden waren – allen voran Jaguar – die beste Lösung. Crusoe beauftragte den damals unabhängigen Designer George Walker mit der Verwirklichung des Projekts, aber auch Frank Hershey, Leiter des Stilbüros bei Ford, stürzte sich mitsamt seinem Team in die Arbeit, die einer Herausforderung gleichkam.

Im Februar 1953 nahm das Projekt festumrissene Formen an. Trotz der von Crusoe auferlegten Beschränkung – ein Maximum an Serienbauteilen sollte wiederverwendet werden – leistete das Team ganze Arbeit und stellte der Direktion nur drei Monate später den neuen Prototyp vor.

Unter dem Einfluß Hersheys, der im neuen Ford den direkten Nachkommen der Mercer Raceabout oder der Stutz Bearcat sah, hatten die Stilisten einen Entwurf von vollkommener Reinheit geschaffen. Im Gegensatz zur Corvette, die eher gedrungen und fast brutal wirkte, war der Thunderbird eine zivilisierte Erscheinung mit eleganten, gestreckten Linien. Nichts störte die Reinheit des ohne Unterbrechung von den Scheinwerfern bis zu den Rückleuchten verlaufenden Profils. Sogar Kühlergrill und diverse Dekorationselemente waren im Gegensatz zum vorherrschenden überladenen Stil von vorbildlicher Schlichtheit. Anstatt des ursprünglich geplanten erstklassigen Sportwagens hatte die Firma eine Legende ins Leben gerufen.

Die Namensgebung warf einige Probleme auf. Die meisten Vorschläge waren exotische Namen oder beziehungsreiche, auf die Leistung anspielende Bezeichnungen: Eagle, Apache, Tropical, El Tigre, Roadrunner und Savile wurden einer nach dem anderen verworfen. Schließlich erinnerte sich Alden R. Giberson, einer der Stilisten, einer alten Indianerlegende, in der vom Donnervogel als dem geheiligten Symbol die Rede war. Giberson war es auch, der bald darauf das Markenzeichen des »Thunderbird« auf türkisblauem Grund entwarf.

Außer seiner attraktiven Erscheinung besaß der Thunderbird einen neuen »Y bloc« genannten, 4,8 Liter großen V8, der mit einem mechanischen Dreiganggetriebe 193 PS und mit einem »Ford-O-Matic«-Automaten 198 PS abgab. Ford hatte richtig geschätzt: 1955 fanden 16155 T-Bird Abnehmer – die Corvette mit nur 674 Stück war auf der Strecke geblieben.

Im Jahr 1956 erhöhte sich die Motorleistung des Y-Blocks auf 202 PS. Außerdem gab es eine Version mit 5,1 Litern Hubraum, die mit Overdrive 215 PS und mit Automatikgetriebe 225 PS entwickelte. Äußerlich war diese leistungsstarke Variante am »Continental Kit« erkenntlich. Der beste Jahrgang war jedoch unbestreitbar 1957. Um für das Reserverad wieder Platz im Kofferraum zu schaffen, waren der Kofferraum vergrößert und der gesamte Aufbau verlängert worden. Gleichzeitig hatte man kleinere Räder mit einem Durchmesser von 35 statt der früheren 38 cm montiert. Diese Modifikationen wirkten sich günstig auf die Gesamterscheinung des T-Bird aus, der – niedriger und schlanker – in jenem Jahr besonders rassig wirkte.

Auch die Motoren-Baureihe hatte Neues zu bieten. Das Basismodell mit seinen 4,8 Liter leistete neuerdings 212 PS (früher 193 und 198 PS), während die 5,1 Liter Variante 245 PS abgab und in die mit Overdrive oder Automatikgetriebe ausgestatteten T-Bird eingebaut wurde. Mit verschiedenen, gegen Aufpreis erhältlichen Bausätzen stieg die Leistung auf 270 und 285 PS. Für Sportbegeisterte, die sich mit diesen bescheidenen Zahlen nicht zufrieden gaben, bot die Firma eine exklusive, 208 Exemplare zählende Kleinserie an, deren Versionen mit Hilfe eines McCulloch-Kompressors in knapp zehn Sekunden von 0 auf 100 km/h beschleunigten und mit 200 km/h über die Freeways brausten. Bei diesem Tempo brauchte der Fahrer sein Radio nicht selbst lauter zu stellen, ein »Volumatic« genanntes Extra sorgte automatisch für die nötige Lautstärke. Dieses Angebot, zusammen mit einem ebenfalls wahlweise erhältlichen tiefenverstellbaren Lenkrad, elektrischen Fensterhebern sowie einer elektrisch regulierbaren Sitzbank zeugten vom Willen der Schöpfer, den T-Bird einer anderen Rangstufe als der eines spartanischen Sportwagens zuzuordnen.

Die Nachfrage, die 1956 leicht nachgelassen hatte, stieg wieder rapide an, um am Jahresende 21380 Einheiten zu erreichen. Nach Ansicht der Finanzgewaltigen der Firma und im Vergleich zu den 1670000 von Ford im gleichen Jahr gebauten Autos war dieses Resultat zu bescheiden. Der Rentabilitätsimperativ galt auch für Modelle exklusiven Charakters, weshalb die Firmenleitung der Laufbahn des T-Bird eine neue Wende gab.

Die Antwort von Ford auf die Herausforderung von Chevrolet – oder ein Sportwagen, wie man ihn sich in Dearborn vorstellte: Die ausschließlich mit dem V8 ausgestatteten und luxuriöser aufgemachten Thunderbird aus dem Jahr 1955 stachen gleich von Anfang an die Corvette aus. 1957 erschienen die ersten Flossenansätze. Die in einem polierten Metallteil eingelassenen Rundinstrumente geben dem Instrumentenbrett eine sportliche Note.

LINCOLN

PREMIERE 1957

AUF DER SUCHE NACH EINER NEUEN IDENTITÄT

Ich sehe mir immer wieder gerne den Film Frank Tashlins, »Die Blonde und Ich« an. Erstens, weil die freizügigen Dekolletès Jane Mansfields niemanden kalt lassen, zweitens, weil der Star in einem prachtvollen flammendroten Lincoln Cabriolet »Premiere« Baujahr 1957 picknicken fährt.

Im Vorjahr hatte die Firma ihre Baureihe wieder einmal völlig überarbeitet und einen totalen Bruch mit den letzten Modellen herbeigeführt. Diese radikale Neuerung war jedoch nicht die erste – seit nahezu zehn Jahren suchte die Firma nach einer Identität.

Von 1949 bis 1951 durchquerte Lincoln die Kugelphase, auf die eine klassischere Periode folgte (1952 bis 1955). Schließlich entschied man sich bei den neuen Modellen für straffere, sportlichere Linien. Leider tragen stilistische Ungereimtheiten nicht zur Festigung eines Markenimages bei. Die Cadillac-Firmenleitung hatte diese Tatsache schnell begriffen, und als der Stil der Marke festgelegt war, setzte man die ganze Energie daran, ihn auszufeilen und noch markentypischer zu gestalten.

111 GDS 75

LINCOLN

PREMIERE 1957

1956 führte Lincoln als einer der letzten Konstrukteure die Panorama-Windschutzscheibe ein. Die neuen Modelle, eindrucksvoller als ihre Vorgänger, besaßen ein völlig gerade verlaufendes Profil, das in Front und Heck in je zwei ausgeprägte Schrägkanten auslief. Beim Entwurf hatten sich die Stilisten am Dream-car »Futura« inspiriert, dessen weit die Front- und Schlußlichter überragende Kotflügelverlängerungen übernommen wurden. Im Heck stellte ein Grill mit waagerechten Chromleisten das Pendant zum Kühlermotiv her, während die Auspuffrohre in zwei verchromten Pseudo-Reaktordüsen verborgen waren.

Die Automobilindustrie war geradezu vernarrt in diese Luftfahrtsymbole, die Vorstellungen von höchster Leistung und Macht suggerieren sollten. Um auch in punkto Mechanik Neues zu bringen, hatte Lincoln den 5,6 Liter großen, 225 PS leistenden V8 durch eine stärkere Antriebseinheit ersetzt, die mit 6 Liter mühelos 285 PS abgab. Aber diese Kavallerie war noch nichts im Vergleich zum kolossalen Drehmoment von 55,5 mkg bei nur 2800/min! Mit einem leichten Druck aufs Gaspedal setzte sich das zwei Tonnen schwere Cabriolet fast erschütterungsfrei in Bewegung und glitt, nur vom gedämpften Grollen des Auspuffs begleitet, geräuschlos an der Pazifik-Uferstraße entlang.

1957 stieg die Leistung auf 300 PS, und die Lincoln konnten ohne Komplexe mit den Cadillac konkurrieren. In punkto Stil zeichnete sich das Jahr vor allem durch das Auftauchen der ersten Heckflossen aus. Die Stilisten hatten sich nicht mit Details abgegeben, sondern gleich zwei scharfe, spitze, gefährlich aussehende Heckauswüchse geschaffen, mit denen das Cabriolet noch länger und aggressiver wirkte. Auch der Kühlergrill war den unvermeidlichen Retuschen unterzogen worden, was vor allem zu doppelten, übereinanderliegenden Leuchteinheiten geführt hatte – eine originelle Anordnung, die bald Nachahmer fand. Während Cadillac in jenem Jahr elf verschiedene Versionen anbot, bestand die Lincoln-Palette nur aus sieben Modellen, die zu zwei verschiedenen Serien gehörten. Die Capri als Basismodelle und die Premiere, die mit allem Zubehör ausgestattet waren, das eine anspruchsvolle Kundschaft sich nur wünschen konnte: Elektrische Fensterheber-, Sitze und Verdeck, Klimaanlage, Lenk- und Bremshilfe. Da aber Neuerungen an der Tagesordnung waren, zeichneten sich die Lincoln ab 1956 durch zwei interessante Details aus: Sicherheitsgurte an den beiden Vordersitzen und automatische Schmierung der verschiedenen Komponente der Vorderradaufhängung mittels eines am Instrumentenbrett befindlichen Druckknopfes.

Trotz all dieser Bemühungen konnte Lincoln den Cadillac nicht wirklich gefährlich werden. Jahr für Jahr verkaufte Lincoln nur den dritten Teil der Produktion seines Rivalen – 41123 gegen 146841 Exemplare im Jahr 1957. Dabei gab es kaum einen Preisunterschied: Das Cabriolet Premiere auf diesen Seiten kostete 5381 Dollar, während der gleichwertige Cadillac für 5293 Dollar zu haben war. Aber Lincoln bemühte sich immer noch um ein passendes Markenimage. Die Baureihe 1958 war wieder völlig neu entworfen worden. Diesmal wirkten die Lincoln massig und kantig, als bestünden sie aus Gußeisen, überladen mit nicht immer geschmackvollen Zierleisten und Dekorationen. 1960 sank die Produktionsrate immer weiter, bis 1961 alle Ungewißheit beendete: Die Lincoln führten einen neuen, bemerkenswerten Stil ein, eine Mischung aus »Kubismus« und klassischer Eleganz, der dem Talent Elwood Engels zu verdanken war. Endlich hatte die Firma Lincoln zu einem eigenen Ausdruck gefunden, dem sie während des folgenden Jahrzehnts treu blieb.

Zehn Jahre lang suchte die Firma Lincoln nach einer Identität. 1956 erhielten die Modelle eine Panorama-Windschutzscheibe und die ersten Heckflossen. Man beachte die originelle Form der Heckleuchten an den Kotflügelspitzen dieses Lincoln Premiere von 1957.

FORD

FAIRLANE 500 SKYLINER 1958

EIN DRUCK AUF DEN KNOPF

Ein prachtvolles weiß-rotes Ford-Coupè gleitet geräuschlos bis zur Ampel. Plötzlich öffnet sich die Heckklappe, und das Dach hebt sich langsam in die Höhe, bevor es im Kofferraum verschwindet, der sich geschmeidig wieder schließt. Dann stellt der Fahrer den Schalthebel auf Drive und verschwindet mit dumpf grollendem Auspuff unter den verblüfften Blicken der anderen Verkehrsteilnehmer. Das war ein Skyliner, ein Coupè, das sich mit einem einfachen Druck auf einen Knopf am Instrumentenbrett in ein Cabriolet verwandelt.

Mitte der 50er Jahre lieferten sich die Konstrukteure mit Hilfe von Luftleitelementen jeglicher Form und ausgetüftelten Gadgets einen erbarmungslosen Konkurrenzkampf. Alles war erlaubt, wenn man nur für Überraschung sorgte. In diesem extravaganten Wettlauf bildete die FoMoCo eher die Nachhut, und ihre Modelle schienen oft unansehnlicher als die ihrer Rivalen.

Im Jahr 1957 war es jedoch Ford, der mit der Einführung des Skyliner in den Mittelpunkt der Ereignisse rückte.

Fairlane
6042 TL 42

Fairlane 500

FORD

FAIRLANE 500 SKYLINER 1958

Obwohl die Öffentlichkeit an die Extravaganzen der Konstrukteure gewöhnt war, strömte sie massenweise zur Ausstellung, um das neue Wunder zu bestaunen und ohne zu wissen, daß es sich dabei im Grunde nur um die Folge eines strategischen Fehlers handelte, um eine von der Verkaufsabteilung im letzten Moment inszenierte Wiederverwertung. Das Verdienst an der komplizierten Verwirklichung des Prototyps gebührte eigentlich Lincoln.

Im Juli 1953 hatten unter der Leitung John R. Hollowells und Ben J. Smiths die Studien an einem versenkbaren Dachaufbau begonnen, der für den zukünftigen »Continental Mark II« bestimmt war. Die Firmenleitung steckte ohne zu zögern 2,19 Millionen Dollar in die Entwicklungsarbeiten, die innerhalb von nur 18 Monaten beendet wurden.

Verschiedene Projekte und mehrere Entwürfe folgten aufeinander und führten schließlich zur Entstehung eines Modells im Maßstab 3:8, das der Direktion vorgeführt werden sollte. Obwohl man sich bei der Ausarbeitung die größte Mühe gegeben hatte, katapultierte der Kofferraumdeckel beim Öffnen im entscheidenden Moment vor dem vollzählig versammelten Generalstab in die Arme des Chefingenieurs. Nach einer Sekunde Schweigen brach allgemeines Gelächter aus. Smith war blaß aber erleichtert – man würde Gnade walten lassen!

Mitte des Jahres 1955 waren die letzten Prototypen endlich betriebssicher, sodaß die Produktion anlaufen konnte. Gerade in diesem Moment fiel der Firmenleitung auf, daß die Verkaufsziffern des Continental Mark II, für den das neue System bestimmt war, zu niedrig waren und der Gewinn zur Abschreibung der Entwicklungskosten nicht ausreichen würde. Das Projekt aufzugeben kam nicht in Frage, und so fand sich das Modell bei Ford ein, wo man das versenkbare Dach überstürzt der Karosserie des zukünftigen Fairlane 1957 anpaßte. Zufällig besaß das bereits produktionsreife Modell einen geräumigen Kofferraum, in dem das Hard-Top Platz fand. Ford war nur um Haaresbreite einem Verlust von mehreren Millionen Dollar entgangen!

Insgesamt waren sieben Elektromotoren, etwa dreißig Schalter, Relais und diverse Unterbrecher nötig, um den Mechanismus in Gang zu setzen. Die Bedienung erwies sich glücklicherweise als weniger kompliziert.

Hinter dem spektakulären Aspekt verbarg der neue Ford einige nicht unbedeutende Nachteile. Der bei versenktem Hard-Top ausgefüllte Kofferraum spielte nur noch die Rolle eines Handschuhfachs. Das darunter befindliche Reserverad war nicht mehr zugänglich. Auch mit aufgezogenem Hard-Top ging das Beladen des Kofferraums, dessen Klappe sich gegen die Fahrtrichtung öffnete, nicht ohne Schwierigkeiten vor sich. Aber das alles hinderte die Kundschaft nicht daran, dem Ford Skyliner mit 20766 im Erscheinungsjahr verkauften Exemplaren einen begeisterten Empfang zu bereiten. 1957 war ein besonders gutes Jahr für Ford, der Chevrolet den ersten Platz unter den Konstrukteuren vor der Nase wegschnappte.

Es gibt nur wenige Cabriolets mit versenkbarem Dach in der Automobilgeschichte. Zu ihnen zählen die von 1957 bis 1959 gebauten Ford Skyliner. Die hier gezeigte Version aus dem Jahr 1958 besitzt nur kleine Heckflossen im Vergleich zu den Auswüchsen, die bei Chrysler oder GM Mode waren. Dafür zierte eine breite Profilleiste aus gelbem Metall die Flanken.

FORD

FAIRLANE 500 SKYLINER 1958

Voller Enthusiasmus beschloß die Firmenleitung, das Modell im kommenden Jahr weiter zu produzieren, ohne dabei einige ästhetische Retuschen zu vergessen. Bei der Front mit den doppelten Leuchteinheiten und dem Heckentwurf hatten sich die Stilisten vom neuen Thunderbird inspirieren lassen. Ford nutzte die Gelegenheit zur Aktualisierung seiner Motor-Baureihe. Der 4,5 Liter große V8 wurde durch eine 4,8 Liter-Variante mit einer Leistung von 205 PS ersetzt. Zwei neue Motoren standen zusätzlich zur Verfügung: Mit 5,4 Litern leistete der erste je nach Wahl 240 oder 265 PS. Das zweite, 5,8 Liter große Triebwerk, mit dem alle neuen T-Bird serienmäßig ausgestattet wurden, erreichte 300 PS. Der Fairlane 500 Skyliner verzeichnete damit eine Spitzengeschwindigkeit von 200 km/h. Gleichzeitig bot Ford ein neues, »Cruise-O-Matic« getauftes Dreigang-Automatikgetriebe an. Um die eventuell noch verfügbare Zeit sinnvoll zu nutzen, arbeiteten die Ingenieure ein Luftfederungssystem aus, das sich durch seine Unkompliziertheit vom GM-Konzept unterschied. Allerdings zeigte die Kundschaft wenig Interesse, und so wurde diese Zusatzausstattung am Ende des Jahres bereits wieder gestrichen. Um die Zuverlässigkeit ihrer Neuerungen zu beweisen, schickte die Firma einen Fairlane 500 auf eine lange, über zwei Kontinente führende Testfahrt. Das Testauto durchquerte elf Länder ohne Pannen oder Defekte.

Der Mechanismus des Hard-Top blieb unverändert, nur das Dach wurde verstärkt. Trotz sämtlicher Verbesserungen ging die Nachfrage auf 14713 Einheiten zurück. Die Kundschaft war schließlich doch traditionsbewußter als erwartet und zog die Unkompliziertheit eines klassischen Cabriolets oder eines Coupès mit herkömmlichem Hard-Top vor. Diese Karosserietypen fanden jeweils 35029 und 80439 Käufer. Aber vielleicht hatten bei der Wahl des Publikums auch finanzielle Erwägungen mitgespielt, denn mit Ausnahme des ganz neuen T-Bird war der Skyliner 1958 der erste Ford, der über 3000 Dollar kostete (3163 Dollar), während ein Cabriolet Sunliner für nur 2650 und ein gleichwertiges Coupè für 2435 Dollar zu haben waren.

Trotz dieses klaren Rückgangs blieb der Skyliner 1959 noch in Produktion und wurde der Serie »Galaxie« zugeordnet, den neuen Topmodellen der Firma. Die Karosserie war neu entworfen worden, obwohl sie danach mit ihren diskreten, flachen Heckflossen im Gegensatz zu den grandiosen, übertriebenen Luftleitelementen der Konkurrenz noch immer sehr gemäßigt wirkte. Aber auch diese Bemühungen fruchteten nicht, denn Ende 1959 hatten nur 12915 Exemplare Abnehmer gefunden.

Nach einem extravaganten dreijährigen Intermezzo verstaute der Skyliner ein letztes Mal sein Hard-Top im Kofferraum, bevor das Konzept im Werksarchiv untertauchte, wo es heute neben allen Kuriositäten der 50er Jahre zu finden ist.

Die Kunst, ein Coupè in ein Cabriolet zu verwandeln, oder wie man in 45 Sekunden seine Nachbarn verblüfft: Mit einer einfachen, am Instrumentenbrett befindlichen Drucktaste werden etwa 30 Elektromotoren, Relais und Unterbrecher in Gang gesetzt, die die Heckklappe öffnen, das Hard-Top falten, im Kofferraum verschwinden lassen und die Klappe wieder schließen.

6042 TL·42

CHRYSLER

NEW-YORKER 1958

IM ZEICHEN DER HARMONIE

1958 genossen die Arbeitgeberkreise in Frankreich die Freuden des Citroa6en-DS, während sich die in einer komfortablen aber arbeitsreichen Existenz etablierte Bourgeoisie mit den etwas bescheideneren Annehmlichkeiten des Peugeot 403 begnügte.

In den USA fuhr die erste Kategorie Cadillac oder Lincoln, die zweite genoß das Fahrvergnügen, das die Chrysler New Yorker boten. Seit Ende der 30er Jahre ist dieser Name untrennbar mit der Firmengeschichte verbunden, in der die New Yorker die Rolle der gehobenen Mittelklassefahrzeuge spielen, Bindeglieder zwischen den populären Modellen und den luxuriösen Serien.

Ende der 40er Jahre existierten sie im Schatten der »Town and Country«, von denen sie Fahrwerk und Mechanik übernommen hatten – ohne deren sorgfältige Detailpflege – dann nahmen sie bis 1954 den zweiten Platz hinter den Imperial ein. Ab 1955 liefen ihnen die explosiven »300« den Rang ab, die damals Schlagzeilen machten,

RKING CENTER

CHRYSLER

NEW-YORKER 1958

obwohl die New Yorker von allen Chrysler-Neuerungen profitierten: 1951 wurden sie mit den V8 mit Halbkugel-Brennräumen ausgestattet, und 1957 erhielten sie das neue Federungssystem mit Drehstäben, das ihnen zu einer überdurchschnittlich guten Fahrstabilität verhalf.

Virgil Exner, auf dem Höhepunkt seines Könnens angelangt, entwarf die schönsten Hüllen für die New Yorker. 1956 tauchten die ersten immer noch vernünftig proportionierten Heckflossen auf, die im folgenden Jahr in die Höhe wuchsen, aber im Gesamtbild nicht störend wirkten. Damit wären wir im Jahr 1958 angelangt, in dem das Chrysler-Produktionsprogramm folgendermaßen aussah: Am unteren Ende der Baureihe befanden sich die Winsor – eine weitere legendäre Serie – mit 3,1 m Radstand und einem »kleinen« V8, dessen 5,8 Liter 290 abgaben. Darauf folgten die längeren Saratoga 3,2, die mit dem gleichen Triebwerk 310 PS leisteten. Für anspruchsvollere Kunden gab es die New Yorker, die das Saratoga-Chassis besaßen, aber mit einem 6,4 Liter großen, 345 PS leistenden Motor ausgestattet waren. Die Topmodelle der Reihe waren die »300 D«, die keine Rivalen zu fürchten brauchten und unter ihren langen Motorhauben ein 380 PS starkes Triebwerk verbargen.

Wir wollen uns hier jedoch auf die New Yorker beschränken, die den Bedürfnissen eines Käuferkreises entsprachen, der auf Komfort und Detailpflege in der Ausstattung Wert legte, sich aber – ohne gleich rasante sportliche Leistungen zu verlangen – nicht mit allzu gutmütigen Modellen zufrieden gab. Chrysler bot sechs New Yorker-Versionen als Limousinen, Hard-Top-Coupès und Kombis an, die zwischen 4295 und 5083 Dollar kosteten, sowie eine einzige, 4761 Dollar teure Cabrio-Version, von der 666 Exemplare entstanden. Der V8 war mit dem Torqueflite-Dreigang-Automaten verblockt, bei dem die Gänge über links neben dem Lenkrad befindliche Drucktasten gewählt wurden.

Erst 1956 versah der Stilist Virgil Exner die Chrysler mit Heckflossen, die diesen Namen verdienen. Die Versionen 1958 besaßen bereits zwei ausgeprägte Stilelemente, aber der Höhepunkt wurde 1961 mit den Imperial erreicht. In diesem New Yorker Version 1958 mit seinem grünen Widerschein auf blitzenden Chromteilen fühlt man sich wie in einem Aquarium.

CHRYSLER

NEW-YORKER 1958

Immer noch im Jahr 1958 führte Chrysler für alle Modelle den gegen Aufpreis erhältlichen »Auto-Pilot« ein, einen Geschwindigkeitsregler, der nach Ansicht des Chrysler Chefingenieurs Robert Rodger eine wichtige Entwicklungsphase zur automatischen Steuerung auf Autobahnen darstellte. Auf langen Testfahrten zwischen Detroit und New York hatten die Fahrer geringere Ermüdungserscheinungen festgestellt, denn das automatische Steuersystem sorgte für eine konstante Geschwindigkeit, entlastete damit den Fahrer und verringerte gleichzeitig den Benzinverbrauch um etwa 15 %. Diese Vorzüge hatten umso mehr Gewicht, als im Straßenbauplan eine Verdichtung des Interstate-Straßennetzes vorgesehen war. Zu Beginn des neuen Jahrzehnts sollten 41 000 Meilen Schnellstraßen die amerikanischen Großstädte miteinander verbinden.

Leider ging der erbitterte Wettstreit zwischen Ford und GM in gewisser Weise auf Kosten Chryslers, ein Duell, das den letzten unabhängigen Konstrukteuren zum Verhängnis wurde. Um sich die Vorherrschaft zu sichern und bei der Kundschaft ein dauerndes Gefühl der Unzufriedenheit wachzuhalten, erneuerten die beiden Giganten der Motor City in kurzen Abständen ihre Modellreihen, nahmen zwischendurch ein Restyling der Karosserie vor und versuchten mit allen Mitteln und um jeden Preis, Aufmerksamkeit und Besitzerwünsche zu erregen. Ford hatte seinen Skyliner mit versenkbarem Dach versehen, während GM mit dem phantastischen Cadillac »Eldorado Brougham« an die tiefsten Regungen der menschlichen Seele rührte.

Chrysler ging beim Versuch, mit diesem höllischen Rhythmus Schritt zu halten, der Atem aus, was der Qualität der Modelle abträglich war. Wenn man noch die schlechte Wirtschaftslage von 1958 und die Streiks hinzurechnet, die den Produktionsablauf störten, ist die katastrophale Jahresbilanz der Firma nicht weiter verwunderlich: 63681 Exemplare gegen 124675 im Vorjahr. Die gesamte Unternehmensgruppe war dabei betroffen. Plymouth konnte zwar seinen dritten Platz behaupten, aber die Produktion sank von 762231 und 443799 Einheiten. Auch Dodge blieb nicht ungeschoren. 1958 fanden nur noch 137861 Modelle Abnehmer (gegen 287608 im Vorjahr), und die Firma fiel vom siebten auf den neunten Platz zurück. Die De Soto gerieten dabei in Vergessenheit. Der Start der Firma in die 60er Jahre begann unter schlechten Vorzeichen.

Dreistufiger chromstarrender Kühlergrill, hinter dem sich ein 345 PS starker V8 verbirgt, kunstvolle Zierfelgen, armdicke Chromleisten an den Flanken, pompöse Dekorationen, wie das »C« des Markenschildes – das Jahr 1958 war wirklich das Jahr aller erdenklichen Extravaganzen. Für die Firma Chrysler, der die Streiks und die Kritik an der Qualität ihrer Modelle zu schaffen machte, war es ein katastrophales Jahr.

CHRYSLER

EDSEL

PACER 1958/CORSAIR 1959/RANGER 1960

TRAGIKOMÖDIE

Edsel galt als die häßliche Ente der amerikanischen Automobilindustrie, als der ungeliebte, des Landes verwiesene, unglückbringende Außenseiter. Alle Fachleute haben sich mit diesem Fall befaßt, um das Fiasko zu analysieren, das Ford mit diesem Auto erlitten hatte, dessen Name seitdem Symbol für Niederlagen aller Art geworden ist. Dabei unterschied sich die Firmentochter Edsel durch nichts von anderen Auto-Herstellern, aber dem Schicksal – mit der tatkräftigen Hilfe des Ford-Direktoriums – schien es Spaß zu machen, Hiebe auszuteilen, die der jungen Firma schon gleich nach der Gründung zum Verhängnis wurden.

Die Farce begann Mitte der 50er Jahre, als Ford sich der Tatsache bewußt wurde, daß er dem GM-Trio Buick/Oldsmobile/Pontiac nur Mercury entgegenzusetzen hatte. Bald darauf berichtete die Presse von der Existenz eines mit dem Kodenamen »E-car« bezeichneten Projekts, das die Marktposition der Firma auf dem Mittelklassesektor sichern sollte. Für die Namensfindung des Letztgeborenen,

121 374
T23 823

EDSEL

PACER 1958/CORSAIR 1959/RANGER 1960

der am 4. September 1957 vorgeführt wurde, hatte sein Schöpfer ein Vermögen ausgegeben. Die Firma hatte sich die Dienste der Dichterin Marianne Moore gesichert und über 10000 Namen in Erwägung gezogen, um sich schließlich für Edsel zu entscheiden, den Vornamen des Vaters von Henry Ford II.

Ford wollte ein »andersartiges« Auto, das nicht schokkieren sollte – leider war genau das Gegenteil der Fall. Während die Konkurrenz breite waagerechte Kühlergrills zur Schau trug, zeigten sich die Edsel mit einem höchst sonderbaren, senkrechten Grill, bei dessen Anblick sich ganz Amerika vor Lachen bog, ja manchmal sogar Abscheu zeigte. Das hatte zur Folge, daß die Kundschaft den Edsel die kalte Schulter zeigte, denn man kauft kein Auto, um die Nachbarschaft zu belustigen. Schade um den Edsel, denn die Stilisten unter der Leitung Ray A. Browns hatten eine Karosserie mit eleganten, straffen Linien geschaffen, die mit ihren originellen konkaven hinteren Kotflügeln bereits auf den Entwurf des im folgenden Jahr entwickelten Chevrolet Impala hinwies und eigentlich sogar einen ganz erfreulichen Anblick bot. Aber der amerikanische Durchschnittsbürger reagierte allergisch auf diesen Kühlergrill, der engstirnige Puritaner sogar abstieß.

Allerdings war die Ästhetik nicht die einzige Erklärung für das Ausmaß der Katastrophe. Man hat viel über Edsel geschrieben und nach Ursachen gesucht. Es hieß, daß 1958 zur Einführung einer neuen Marke das ungünstigste Jahr überhaupt war; daß der Name nicht gut klang; daß die mit der Fabrikation der Edsel beauftragten Arbeiter der Firmen Lincoln und Mercury bei der Montage nicht die nötige Sorgfalt walten ließen und vor allem, daß die Marketing-Abteilung ein Auto programmiert hatte, das mehr ihren persönlichen Bedürfnissen als denen der Kundschaft entsprach.

Was auch immer der Grund gewesen sein mag, mit einer Jahresproduktion von nur 63110 Exemplaren statt der pessimistischsten Schätzung von mindestens 100000, hatte die Öffentlichkeit ihr Urteil gesprochen. Dabei hatte Ford das Projekt groß aufgezogen und eine neue, von Richard Krafve geleitete und von Lincoln-Mercury unabhängige Filiale gegründet. Gleich im ersten Jahr bot Edsel eine breitgefächerte Baureihe von 18 Modellen an, die in vier Serien gebaut wurden: Ranger und Pacer mit 3 m Radstand und die 3,2 m-Corsair und Citation. Außer den Limousinen, Coupès und Kombis gab es zwei Cabriolets: Eins in der Citation- und eins in der Pacer-Serie. Das erste erhielt einen 6,7 Liter großen, 345 PS leistenden V8, während das zweite mit einem ganz neuen Ford-Motor ausgestattet

1958 brachte Ford die Edsel heraus, eine Baureihe, die von General Motors als Konkurrenz der Buick, Pontiac und Oldsmobile programmiert war. Diese vorbildlich ausgestatteten Modelle wiesen zahlreiche einfallsreiche Neuheiten auf, aber ihr Kühlergrill wurde zum Gespött für ganz Amerika. Ford mußte mit dem Edsel eine schmähliche Niederlage einstecken.

RAIL
ROAD
CROSSING
LAND OF LINCOLN
425 493
19 ILLINOIS 58

425 493

EDSEL

PACER 1958/CORSAIR 1959/RANGER 1960

wurde, der vom Y-Block abstammte und mit einem Hubraum von 5,9 Litern 303 PS abgab. Auch hier war man gleich aufs Ganze gegangen und hatte große Motoren gewählt, um den neuen Edsel unmißverständlich über die Konkurrenz zu stellen. Auch das Vorhandensein einiger ungewöhnlicher Ausstattungsdetails zeugten vom eingangs erwähnten Wunsch nach Andersartigkeit und Neuheit. Eben diese Details waren es, die Edsel endgültig lächerlich machten. Warum, das ist die Frage, denn wenn die in der Lenkradnabe befindlichen Drucktasten für die Gangwahl oder ein Kompaß am Instrumentenbrett Anlaß zu Kritik bieten können, ist gegen ein Thermometer für die Außentemperatur, einen Walzen-Tacho (Citroen hatte also nichts Neues erfunden) und noch weniger gegen einen Drehzahlmesser – ein damals sogar bei den besseren Mittelklassefahrzeugen seltenes Kontrollinstrument – nichts einzuwenden.

Die Firma, lächerlich gemacht und von diesem Fiasko bis in ihre Grundfesten erschüttert, trat den Rückzug an. Schon im nächsten Jahr verloren die Edsel ihren Namen und waren nur noch umfrisierte Mercury. Die originellen Linien der hinteren Kotflügel blieben unverändert, hatten aber nicht mehr die gleiche Eleganz. Der Kühlergrill, Stein des Anstoßes, besaß zwar noch sein senkrechtes Zentralmotiv, war aber an beiden Seiten von einem breiten klassischen Grill mit integrierten Leuchteinheiten eingerahmt. Die Baureihe wurde auf zehn Modelle reduziert und nur zwei Serien blieben in Produktion – die Ranger und Corsair mit einem Einheits-Radstand von 3 m. Auch in punkto Mechanik gab man sich bescheidener: Der größere Motor mit 6,7 Litern verschwand ganz und gar, während der 5,9 Liter nur noch als Extra angeboten wurde. Die Ranger und die beiden »Station-wagons« Villager erhielten serienmäßig einen V8 mit 4,8 Litern Hubraum und 200 PS. Beide Versionen konnten auf Wunsch mit einem 3,7 Liter großen Sechszylinder ausgestattet werden, der bescheidene 145 PS abgab.

Soviel zu den Ranger. Den Corsair ging es nicht viel besser. Ihr V8 mit 3,8 Litern Hubraum leistete 225 PS. Zu dieser Serie gehörte das einzige Cabriolet der Baureihe, das für 3072 Dollar zu haben war, während die Schwestermodelle Pacer und Citation aus dem Vorjahr jeweils 3028 und 3801 Dollar kosteten. Um auch die letzten Ursachen der erlittenen Kränkung zu beseitigen, verschwanden alle ungewöhnlichen »Gimmicks«, die die Kundschaft in ihren Gewohnheiten gestört hatten. Die »Teletouch«-Gangwahl machte einem normalen Schalthebel Platz und auch der Walzen-Tacho verschwand in der Versenkung. Aber alles

Im Jahr 1959 machte Ford einen Rückzieher. Die charakteristischen Neuerungen wurden abgeschafft und der Karosseriestil »normalisiert«. Das Zentralmotiv des Kühlergrills blieb zwar unverändert, stand aber nicht mehr so weit hervor wie im Vorjahr. Aber auch das nutzte nichts, die Kundschaft lehnte die Edsel ab.

121 374

EDSEL

PACER 1958/CORSAIR 1959/RANGER 1960

vergebens, das Schicksal schien dem Modell keine Chance lassen zu wollen. Die Nachfrage sank weiter auf 44 891 Exemplare, unter denen sich 1 343 Cabriolets befanden.

Ob Edsel in Wirklichkeit nicht eher ein Opfer der inkonsequenten Markenpolitik der Konzernleitung, als eines wirklich seriösen Mangels gewesen war? Bei dem amerikanischen Giganten schien es keine Firmenstrategie zu geben: Einerseits jagten die neuen Galaxie im Revier der Edsel, andererseits richtete sich die Aufmerksamkeit des Direktoriums, allen voran Robert McNamara, ausschließlich auf den zukünftigen Falcon, ein Kompaktauto, von dem man sich einen guten Start in die »Sixties« versprach. Aus diesem Grund schrumpfte der für Edsel bestimmte Investitionsanteil auf eine milde Gabe zusammen, sodaß die Edsel 1960 nur noch zweitrangige Ableitungen der Ford-Modelle waren. Weder der Kühlergrill, dessen Zentralmotiv man endgültig aufgegeben hatte, noch die senkrecht montierten, ovalen Heckleuchten genügten zur Erhaltung eines markentypischen Karosseriestils. Wie es schien, hatte die Direktion der Ford Motor Company bereits zu diesem Zeitpunkt über die Zukunft der Marke entschieden, denn wie erklärt sich sonst die Produktionseinstellung bereits einen Monat nach der Einführung der letzten Modelle, am 15. Oktober 1959?

Immerhin waren in dieser kurzen Zeitspanne 2 846 Edsel-Versionen entstanden. Die ursprüngliche Baureihe zählte nur noch sieben Modelle: Fünf Ranger-Versionen und zwei Villager-Kombis, die alle serienmäßig einen 4,8 Liter großen, 185 PS starken V8 erhielten. Der 145 PS-Reihen-Sechszylinder stand weiter zur Verfügung, und zwar unentgeltlich, während ein V8 Super Expreß mit 5,8 Litern Hubraum und 300 PS Leistung gegen 58 Dollar Aufpreis erhältlich war.

Mit der Aufgabe der Marke Edsel hatte Ford selbst den Modellen, die heute gefragte Sammlerobjekte sind, ungewollt die Tore des Ruhms geöffnet. Das ist zumindest beim Cabriolet 1960 der Fall, das in einer Kleinserie von 76 Exemplaren gebaut wurde. Wie wir erfahren haben, sind noch 54 in den USA auffindbar, von denen sich aber nur 20 in verkehrssicherem Zustand befinden.

Die von ihren Schöpfern aufgegebenen und von Millionen Amerikanern nicht gewürdigten Edsel – von einer Handvoll Originale abgesehen, die es wagten, sich in diesen Autos zu zeigen – haben posthume Vergeltung geübt. Wie der Chrysler Airflow oder der Tucker verdanken sie passionierten Sammlern ihr Überleben, eine späte Rehabilitation, die ihnen die Geschichte schuldig war!

Sehen Sie sich dieses Auto an, denn es hat Seltenheitswert: Die Firma Edsel hatte während der kurzen Herbstmonate 1959 lediglich 76 Cabriolets gebaut, von denen heute nur noch 20 im Verkehr sind. Nur 3 000 Edsel verließen insgesamt das Werk, bevor Ford dieser Tragikomödie ein Ende machte.

723 823
19 ILLINOIS 60

CADILLAC

ELDORADO BIARRITZ 1959

EARLS LETZTER GEISTESBLITZ

Amerika erlebte in den 50er Jahren eine Blütezeit, und Europa schaute mit begehrlichen Blikken, wie ein Kind zur Weihnachtszeit vor den Schaufenstern, auf das Land jenseits des Atlantiks. James Dean, Elvis Presley, Marylin Monroe waren zusammen mit vielen anderen die Botschafter des »American way of life«. Auch die amerikanischen Straßenkreuzer gehörten zu den etwas naiven Klischees, die man in Europa von der Lebensart in den USA hatte. Ihr ostentativer Luxus und Gigantismus galten hier wie drüben als – wenn auch marktschreierisches – Symbol sozialen Aufstiegs. So erscheint ein Cadillac aus dem Jahr 1959 in vielerlei Hinsicht wie eine den »Cartoons« Fred Quimsbys entnommene Karikatur des Reichtums.

Nachdem Harley J. Barl 32 Jahre damit zugebracht hatte, einen Stil für die Autos von GM auszuarbeiten und Kunden sowie Händler seine Ideen in punkto Ästhetik aufzuzwingen, verlangte er als Krönung seiner Karriere von den Stilisten des damals von Charles Jordan geleiteten Cadillac-Studios die Entwicklung eines Autos, das in den

CADILLAC

ELDORADO BIARRITZ 1959

Bevor Harley Earl abtrat, landete er mit den berühmtesten Heckflossen der Automobilgeschichte nochmal einen großen Coup. Der Eldorado unterschied sich von den »gewöhnlichen« Cadillac durch einige zusätzliche Kilo Chrom. Das Instrumentenbrett blieb unverändert attraktiv. Man beachte das in der Mitte angebrachte »Autronic Eye«, die nachts beim Begegnen anderer Verkehrsteilnehmer automatisch funktionierende Leuchtweitenregulierung.

Annalen der amerikanischen Automobilindustrie einzigartig sein sollte.

Obwohl dieses Wunderwerk von vorne nicht mehr und nicht weniger phantastisch aussah als die Rivalen, erregten die hoch über die hinteren Kotflügel emporragenden, messerscharfen Heckflossen doch die Aufmerksamkeit des Betrachters. Im Gegensatz zu den Chrysler, deren »Tail Fins« von der Mitte des Autos progressiv zum Heck hin anstiegen, schwang sich das Profil des Cad 59 unvermittelt empor, um die Form einer bedrohlich wirkenden Kampfmaschine anzunehmen. Man war weit von den ersten kleinen von der Luftfahrt inspirierten Auswüchsen der Cadillac aus dem Jahr 1948 entfernt. Innerhalb eines Jahrzehnts hatte Amerika seine Vorbilder gewechselt. Die Eroberung des Weltraums hatte die Heldentaten der Flieger des ersten Weltkriegs verdrängt. Den Stilisten von Cadillac konnte diese Entwicklung nicht unbemerkt bleiben, wie die Rücklichter beweisen, die wie Raketen-Rückstoßflammen aussehen.

Der Eldorado Brougham stellte eine entscheidende Phase der explosiven stilistischen Entwicklung dar. Dieses 1956 als Show-car vorgeführte Modell, das im folgenden Jahr in einer Kleinserie gebaut wurde, wies bereits alle Merkmale der Entwicklungstendenz der Marke während der nächsten zwanzig Jahre auf: Dank eines niedriger gelegten Fahrwerks eine niedrigere Bauhöhe, zusammengefaßte Leuchteinheiten und vor allem die spitzen Heckflossen. Alle Stilkriterien fanden sich bei den Versionen von 1959 auf elegante Weise und in ihrer höchsten Ausdrucksform vereinigt. Niemand hatte es später besser ... oder schlechter gemacht! Die Öffentlichkeit nahm den letzten genialen Streich Earls jedenfalls positiv auf, denn nach der allgemeinen Flaute auf dem Automobilsektor im Jahr 1958 verzeichnete Cadillac 1959 mit 140170 Exemplaren gegen 119863 im Vorjahr eine wesentlich größere Nachfrage. Dabei schien das Goldene Zeitalter der Luxus-Straßenkreuzer zu Ende zu gehen. Zwar war der Name Ralph Nader noch nicht auf den Titelseiten der Presse aufgetaucht, aber überall wurde Kritik laut. Die Presse, ein Teil der öffentlichen Meinung und sogar Regierungsausschüsse zeigten anklagend auf das Automobil, stellten seine Sicherheit in Frage und prangerten die von ihm in den Großstädten verursachte Luftverschmutzung an. Selbst seine Ausmaße fanden keinen uneingeschränkten Beifall mehr. Parkplatzbesitzer boten bereits günstigere Tarife für kleinere Autos. Aber trotz alledem waren die Cadillac Baujahr 1959 auf dem besten Weg, in die Geschichte einzugehen.

Einer festverankerten Tradition zufolge befanden sich in der Cadillac-Baureihe, die in jenem Jahr 13 Modelle zählte, zwei Cabriolets: Eine Version der Serie 1962 und eine luxuriöse Variante mit dem Namen Eldorado Biarritz. Im Gegensatz zu den Jahren 57 und 58 besaßen beide Modelle die gleichen Karosserien und unterschieden sich nur durch ihre Endfertigung – das Cabrio Biarritz brachte runde 200 Pfund mehr auf die Waage, die den wuchtigen und schweren Chromteilen zu verdanken waren. Als ob das des Überflusses noch nicht genug war, zierten den Grill im Heck, der sich über der funkelnden Pracht der Stoßstange erhob, drei Reihen Miniaturgeschosse – verchromt, versteht sich – währen das friedlichere Cabriolet Serie 62 nur über eine einzige Reihe dieser Dekorationselemente verfügte.

Um auch den exzentrischsten Geschmack zu befriedigen, bot Cadillac als Bezugsmaterial Leder in acht verschiedenen Farbtönen und fünf Farben für das Verdeck an, womit die erstaunlichsten Zusammenstellungen erzielt werden konnten.

Vom 5455 Dollar teuren Cabriolet »62« entstand eine 11130 Exemplare zählende Serie, während der Eldorado Biarritz – mit nur 1320 Einheiten fast eine Rarität – für den stolzen Preis von 7401 Dollar zu haben war.

Der V8, der die beiden Modelle antrieb, war eine direkte Ableitung des 1949 entwickelten Motortyps mit hängenden Ventilen. Nach einer Hubraumvergrößerung im Jahr 1956 wurde er drei Jahre später auf 6,4 Liter aufgebohrt. Die Cabrios der Serie 62 gaben damit 325 PS ab. Ein Eldorado-Motor mit 345 PS, die drei Doppelvergasern zu verdanken waren, stand wahlweise zur Verfügung. Damit glitten die 2,3 Tonnen Chrom und Stahl im 180 km/h-Tempo über die Freeways.

Der Fahrer konnte auch den Komfort des besonders weichen Luftfederungssystems genießen, mit dem der Eldorado serienmäßig und die Serie 62 auf Wunsch ausgestattet wurden. Er brauchte nur noch den Schalthebel für einen 1000 Meilen-Trip auf Position D zu stellen und mit dem kleinen Finger den Kurs seines servogelenkten Eldorado zu korrigieren. Was kümmerte es ihn, daß die prächtigen stilistischen Auswüchse bereits dekadent wirkten.

LU
56689
CH

CHRYSLER

300 F ET 300 G 1960/1961

KRAFT UND GRAZIE

Die in Detroit etablierte Hierarchie hatte Chrysler immer auf den dritten Platz verwiesen. Ford und GM, die beiden Giganten unter den amerikanischen Konstrukteuren, hüteten sich, dem Outsider in ihrem Duell um den ersten Platz die geringste Chance zu geben. Dabei konnte sich die Firma am Highland Park einiger im Laufe ihrer Firmengeschichte besonders gelungener Schöpfungen rühmen.

Da waren zuerst die in den 30er Jahren eingeführten Airflow, gefolgt von den Nachkriegs-Town and Country. Die 50er Jahre trugen den Stempel der Serie 300, einer Reihe aggressiv-eleganter Modelle, die 1955 entwickelt wurde. Der 300, sportlicher als die Corvette oder der T-Bird, konnte es trotz allem nicht mit deren exklusivem rassigen Stil aufnehmen, der seinen Teil zur Entstehung der Legenden um diese beiden Musterbeispiele der Chevrolet und Ford-Produktion beigetragen hatte.

Aus Gründen der Wirtschaftlichkeit hatte man bei Chrysler diese Politik gewählt, und der leistungsstarke 300 trat,

CHRYSLER

300 F ET 300 G 1960/1961

von einigen Details abgesehen, in der Hülle eines friedlichen New Yorker auf. Im Fahrbetrieb war jedoch eine Verwechslung ausgeschlossen. Der 300 war ein echter GT – im weiteren Sinn des Wortes – der weder einen Jaguar XK 150 noch einen Mercedes 300 SL zu fürchten brauchte!

Der Schöpfer dieser prachtvollen Automobilaristokraten hieß Robert Rodger und war Chefingenieur bei Chrysler, ein liebenswürdiger und diskreter Mensch und ein brillanter Techniker wie Charles F. Kettering, sein Kollege bei GM. Ende der 40er Jahre hatte Rodger einen wesentlichen Beitrag zur Entwicklung des sagenhaften Halbkugel-V8 »Firepower« geleistet. Dieser 1951 vorgestellte Block leistete mit 5,4 Litern Hubraum 180 PS, besaß aber vor allem ein schier unerschöpfliches Entwicklungspotential, das sich Briggs Cunningham zunutze machte und mit einem frisierten C5R, einem Auto seines Rennstalls, den dritten Platz in den 24 Stunden von Le Mans 1953 hinter zwei Jaguar Typ C belegte.

Rodger beschloß ebenfalls, die Entwicklungsmöglichkeiten des neuen Blocks zu nutzen. Ihm schwebte dabei ein äußerlich schmuckloses, aber besonders leistungsstarkes Auto vor. Mit großer Beharrlichkeit setzte er sich bis zuletzt für sein Projekt ein, sodaß Chrysler am 17. Januar 1955 den ersten 300 vorstellen konnte. Der »Firepower« war weiterentwickelt worden: Man hatte die Nockenwelle verstärkt, eine mechanische Ventilsteuerung sollte helfen, die hohen Drehzahlen besser zu verkraften, und zwei enorme Doppelvergaser sorgten für eine optimale Gemischaufbereitung. Diese konsequente Bearbeitung erhöhte die Leistung auf 300 PS, d. h. 50 PS mehr als der New Yorker. Es war der leistungsstärkste Motor auf dem amerikanischen Automobilmarkt. Rodger hatte ganze Arbeit geleistet. Für 4110 Dollar nannte der Kunde ein Auto sein eigen, das in neun Sekunden auf 100 km/h beschleunigte und eine Spitzengeschwindigkeit von 210 km/h erreichte. Der sportliche Aspekt war umso eindeutiger, als dem Komfort dienende Details wie Bremskraftunterstützung, elektrisch zu betätigende Sitze und Fenster, eine Uhr und sogar die Heizung nur auf Wunsch und gegen Aufpreis eingebaut wurden! Im Laufe der Jahre verloren die 300 langsam ihren spartanischen Charakter, obwohl die 300 F im Jahr 1960 (F steht für das Jahr) noch unverändert schnell und sportlich waren. Dabei hatte sich in fünf Jahren viel geändert. Die Modelle hatten den Stil der zivileren Chrysler angenommen und zeigten sich seit 1957 mit scharf profilierten, eleganten Heckflossen, die 1960/61 in der Mitte der Tür ansetzten, um sich in einer schwungvoll ansteigenden Linie bis zu den in den Flossenspitzen integrierten Rücklichtern hinzuziehen. Das Frontmotiv sah aus wie ein weitgeöffneter Rachen, mit Doppelscheinwerfern zu beiden Seiten.

Selbst wenn der Stil nicht als schlicht bezeichnet werden kann, war diese Baureihe dem stilistischen Delirium entgangen, das die Karosserien der »Impala«-Schwestermodelle heimgesucht hatte. Ihr Ruf leistungsstarker sportlicher Modelle basierte nach wie vor auf dem Motor. Seit 1959 war der Typ »Firepower« durch einen klassischeren V8 ersetzt worden, der immer noch hängenden Ventile, aber

Chrysler 300 – der bloße Name ruft schon Bewunderung hervor. Hinter dem Kühlergrill, der wie ein weitgeöffneter Rachen aussieht, verbirgt sich ein nach Wahl 375 oder 400 PS leistender V8. Der 300 F Version 1960 besitzt ausgeprägte Heckflossen und einen Radabdruck auf der Heckklappe. Die schwenkbaren Sitze laden zum Einsteigen ein.

CHRYSLER
CALIFORNIA
R 300F
300 CLUB

300

CALIFORNIA
R 300F
300 CLUB
Chrysler

CHRYSLER

300 F ET 300 G 1960/1961

keine Halbkugel-Zylinderköpfe mehr besaß, leichter war und mit seinen 6,8 Litern unverändert »bissig« reagierte. 1960 leistete er, je nach Version, 375 oder 400 PS. SEin Leistungsniveau verdankte er einem »ram-induction« genannten System, das wie ein Resonator funktionierte, die Ansaugluft verdichtete und die Zylinder mit angereichertem Gemisch versorgte. Dann brauchte nur noch die Rohrlänge entweder auf das gewünschte höhere Drehmoment oder auf die höhere Leistung abgestimmt zu werden. Ein erfinderisches System, das billig Leistung erzeugte.

Das Torqueflite-Getriebe gehörte zur Standardausstattung, das mechanische Vierganggetriebe, mit dem noch bessere Fahrleistungen erzielt wurden, stand auf Wunsch für die 400 PS-Versionen zur Verfügung. Merkwürdigerweise hatte Chrysler ein von Pont-a1a-Mousson gebautes, französisches Getriebe gewählt. Allerdings wurden nur sieben der insgesamt 1212 Einheiten zählenden Serie damit ausgestattet und an Berufsfahrer verkauft. Einer von ihnen, Gregg Ziegler, registrierte auf der Piste von Daytona Beach 235 km/h!

Auch die Innenraumgestaltung war nicht mehr ganz so spartanisch wie am Anfang. Die 300 F-Modelle vereinten von nun an Leistung und Komfort, zu dem drehbare Frontsitze und eine auf dem Fahrzeugboden in Fahrtrichtung verlängerte Mittelkonsole gehörten, die aus den Modellen echte Viersitzer machte. Der Fahrer saß in einem »Cockpit«, bei dessen Anblick selbst der einfallsreichste Science-Fiction-Drehbuchautor vor Neid erblaßt wäre.

1961 trat der 300 G die Nachfolge des Typs F an. Die Mechanik war unverändert geblieben, aber man hatte das Pont-a1a-Mousson-Getriebe aufgegeben. Trotz unvermeidlicher Karosserieretuschen blieb die Reinheit des Stils erhalten. Von vorne erkannte man den Typ G an seinen schräg in V-Form montierten Leuchteinheiten, während die Heckleuchten des Vorgängers im Boomerang-Stil eine andere Form angenommen hatten und von den Kotflügelenden verschwunden waren. Mit 1617 Exemplaren, darunter 337 Cabriolets, verzeichnete Chrysler einen leichten Produktionsanstieg. Ursächlich dafür waren wohl die unveränderten Preise: Das Hardtop kostete weiter 5411, das Cabriolet 5841 Dollar.

1962 erreichte die Leistung der neuen 300er Versionen mit der Kennziffer H mit 380 und 405 PS ihren Höhepunkt. Gleichzeitig verschwanden die Heckflossen von den Kotflügelspitzen. Die Preise fielen um ca. 350 Dollar, und mit ihnen sank die Nachfrage. In den folgenden Jahren 1963/64 fiel die Leistung der Versionen J und K auf 360 und 390 PS, während die 300 L, letzte Vertreter dieser legendären Baureihe, im Jahr 1965 auch »nur« noch 360 PS leisteten. Nach Aufgabe der De Soto setzte Chrysler einen Schlußstrich unter ein weiteres erfolgreiches Kapitel seiner Firmengeschichte.

Im Laufe der 60er Jahre wurden die amerikanischen Autos Opfer einer gut orchestrierten Umweltschutzkampagne. Chrysler war nicht der einzige, der ihr seinen Tribut zahlte.

1961 trat der 300 G die Nachfolge des 300 F an. Die Stilisten hatten Scheinwerfer und Heckleuchten überarbeitet und dabei glücklicherweise den ursprünglichen Charakter des Modells bewahrt: Beim Anblick des Cockpits im Science-Fiction-Stil bleibt kein Zweifel mehr an der Bestimmung des 300 F.

AMP
FUEL
OIL
TEMP
OFF

IMPERIAL

CROWN 1961

Wenn es einen Preis für das ungewöhnlichste Auto gäbe, bekäme ihn zweifellos der Imperial Crown Baujahr 1961. Der Crown ist ein Auto, das sich Beschreibungen und Erklärungen entzieht, eine Skulptur auf Rädern, die man kommentarlos auf sich wirken lassen muß. Der Blick sucht vergeblich nach ruhigen Linien und weichen Rundungen – das logische Denken kommt hier nicht weiter. Irrationellen Betrachtern fällt das Urteil schwer: Diabolische Schönheit oder Häßlichkeit, die einen eigenartigen Reiz ausübt? Nichts scheint eine solche extravagante Erscheinung rechtfertigen zu können, wenn nicht die anmaßende Arroganz eines berühmten Stilisten am Ende seiner Karriere. Dieser Stilist war Virgil Exner, seit 1950 Leiter des Chrysler-Stilbüros. Bis 1956 hatte er seine Inspirationen in der maßvollen Eleganz der italienischen Schule gesucht – dann kam 1957 eine plötzliche Kursänderung. Exner übertraf an exotischer Extravaganz sogar Harley Earl: Steile Heckauswüchse wie Leitwerke eines Jagdflugzeugs zierten – oder verunzierten – auf einmal die Karosserien – der »Forward-look« war geboren.

1957 war auch das Jahr, in dem sich die Imperial nicht mehr mit der Rolle verbesserter Chrysler begnügten und in stilistischer Hinsicht eine eigenständige Persönlichkeit entwickelten. Diese Emanzipierung fand sich durch den Umzug aus dem Werk der Jefferson Avenue in die Warren

IMPERIAL

CROWN 1961

Avenue in Dearborn bestätigt. Die Direktion wollte es Cadillac gleichtun, obwohl dieser Konkurrent zwischen sieben- und achtmal soviele Autos baute. Mit 37593 Einheiten war die Jahresbilanz 1957 jedoch ganz ermutigend. Leider fielen diese Ziffern im folgenden Jahr wie ein Kartenhaus zusammen. Zu allem Unglück versteifte sich Virgil Exner auch noch auf seine Ideen. Der bereits üppige Stil der Imperial wurde immer überladener. 1960 war eine weitere Etappe auf dem Weg zum schlechten Geschmack, 1961 der Höhepunkt der Extravaganz. Die vorstehenden Doppelscheinwerfer befanden sich unter einem von den Kotflügeln gebildeten Vorsprung, und auch die beiden Rücklichter waren in der Mitte der Flossenspitzen weit von der Karosserie abstehend, quasi ohne Verbindung zur Karosserie angebracht. Der Abdruck eines Reserverads auf dem Kofferraumdeckel vervollständigte den neoklassizistischen Aspekt des Crown Version 1961. Nur die von einer breiten Chromleiste unterstrichenen Flanken bewahrten dem Profil eine gewisse Reinheit. Zu Beginn dieses neuen Jahrzehnts sah man die Imperial als im Aussterben begriffene Überbleibsel einer vergangenen Epoche an.

Die Innenausstattung gleichen Stils betrachtete man besser mit einer Sonnenbrille. Da war vor allem das Lenkrad mit abgerundeten Ecken! Dann überraschten die zwei ovalen, zu beiden Seiten des Lenkrads schräg in V-Form im Instrumentenbrett integrierten Drucktastenträger, links für das Automatikgetriebe und rechts zur Bedienung von Scheibenwischern, Scheinwerfern usw., die ohne die Hände vom Lenkrad zu nehmen, erreicht werden konnten. Der Fahrersitz schwenkte zur Außenseite hin, sodaß sich etwas beleibte Millionäre mühelos hinter dem Lenkrad installieren konnten. Das Instrumentenbrett, eine unbeschreibliche Mischung aus Chromteilen und grellrotem Kunststoff, sah dem Kommandostand eines Raumschiffes aus Comic strips ähnlicher als dem Armaturenbrett eines Automobils. Das Cabriolet besaß den Standard-Radstand von 3,3 m und einen V8 von Chrysler, der ebenfalls die Versionen New Yorker antrieb und mit einem Hubraum von 6,8 Litern 350 PS leistete. Er war mit einem Torqueflite-Getriebe verkoppelt, einer 1956 entwickelten automatischen Kraftübertragung mit drei Gängen. Im Jahr 1961 verließen insgesamt nur 429 Cabriolets die Fabrik in der Warren Avenue, eine im Vergleich zu den 1450 Eldorado Biarritz, die außerdem noch teurer waren (6477 Dollar gegen 5774 Dollar), viel zu niedrige Zahl.

Aber diese Differenz war bezeichnend für die Vorrangstellung Cadillacs, wo man im gleichen Jahr 1961 etwa zehnmal so viele Autos baute wie Imperial (138379 gegen 12258). Angesichts dieses offenkundigen Mißerfolgs beschloß Lynn Townsend, der neue Direktor von Chrysler, drastische kostensenkende Maßnahmen. Die Fabrik in der Warren Avenue wurde verkauft und die Firma Imperial kehrte in die seit dem Verschwinden von De Soto leerstehenden Fabrikgebäude der Jefferson Avenue zurück. Virgil Exner wurde entlassen und durch Elwood Engel ersetzt, der von Lincoln kam, wo er den neuen Continental entworfen hatte. Mit Engel nahmen die Imperial langsam einen gemäßigten Stil an, aber die Modelle behielten ihre neuklassizistischen Scheinwerfer bis 1963. Im folgenden Jahr brachte Imperial eine neue Baureihe ohne stilistische Übertriebenheiten heraus, deren Modelle schlichte, klassische Stilstudien geworden waren.

Mit weit herausragenden Heckleuchten und ebenfalls vorstehenden Scheinwerfern im neoklassizistischen Stil waren die Imperial eine letzte Herausforderung an alle, die das Automo bil zum gewöhnlichen Fortbewegungsmittel degradieren wollten. Grellroter Schein auf blitzendem Chrom, Lenkrad mit abgerundeten Ecken – sind wir überhaupt noch in einem Automobil?

CADILLAC

ELDORADO BIARRITZ 1962

DIE MUTATION

Seit Beginn des neuen Jahrzehnts hatten sich auch die stilistischen Tendenzen im Karosseriebau radikal gewandelt. Diese Mutation war in den USA besonders deutlich spürbar, wo sich die geharnischten Straßenkreuzer, schneller als man einen Cad 59 auf Hochglanz bringt, ihrer ausladenden Rundungen und ihres übertriebenen Zierrats zugunsten eines geometrischen Stils entledigten und damit der geraden Linie als der kürzesten Verbindung zwischen den vorderen Kotflügeln und ihren Zwillingsbrüdern im Heck den Vorrang gaben.

Die barocke Phase gehörte nunmehr der Vergangenheit an. In den Stilbüros bereitete man sich auf den Eintritt in die kubistische Ära vor. Earl hatte GM verlassen, um in den Ruhestand zu treten. Seinen Platz nahm Bill Mitchell ein. Obwohl diese Machtübergabe dem natürlichen Lauf der Dinge entsprach, war sie wahrscheinlich eine der Ursachen des plötzlichen Stilwandels, denn wenn Earl seiner Frohnatur und seinem extravertierten Charakter immer durch großvolumige, extravagante Karosserien Ausdruck verliehen hatte, offenbarte sich der kompromißlosere,

CADILLAC ELDORADO 62
6899

CADILLAC

ELDORADO BIARRITZ 1962

autoritäre Charakter Mitchells in schmuckloseren, gestreckten und gleichzeitig sportlich-aggressiven Linien. Mitchell gab seinen Amtsantritt gleich Ende des Jahres 1959 mit der Einführung des Chevrolet Corvair bekannt. Mit seiner großflächigen, makellos glatten Karosserie, die im krassen Gegensatz zu den barocken Überresten des ausklingenden Jahrzehnts stand, vereinte das neue Modell die Haupttendenzen der neuen amerikanischen Stilrichtung. Auch die Cadillac wurden einer – wenn auch auf weniger brutale Weise – stilistischen Läuterung unterzogen. Zu den ersten Opfern gehörten die Heckflossen. Nach dem absoluten Höhepunkt von 1959 verloren sie im folgenden Jahr an Arroganz. Immerhin hatten die Stilisten wohl Skrupel gehabt, diese glorreichen Anhängsel zu sehr zu stutzen, weshalb sie unten wieder ansetzten, was sie oben abnahmen. Damit hatten die Flossen und Flügel vielleicht an Umfang verloren, aber nicht an Zahl: Es gab neuerdings vier – zwei auf und zwei unter den hinteren Kotflügeln. Fazit: Das Gesamtbild wirkte nicht ausgewogener als vorher: Der echte Bruch mit den »Fifties« wurde jedoch 1961 durch die Aufgabe der Panorama-Windschutzscheibe vollzogen, eine 1953 bei den Eldorado eingeführte, ästhetische Neuerung, die die Stars der amerikanischen Automobilindustrie fast ein Jahrzehnt lang verschönt hatte.

Die Firma Cadillac führte größere Neuerungen von nun an im Zweijahresrhythmus durch, sodaß wesentliche Modifikationen erst 1963 stattfanden. Auf die Technik hatte die stilistische Minirevolution keinen Einfluß ausgeübt. Die wichtigste Neuerung war 1957 die Einführung eines steiferen Rahmens mit x-förmigen Längsträgern, der zu einer niedrigeren Schwerpunktanlage und einer insgesamt niedrigeren Bauhöhe geführt hatte. Cadillac stattete seine Modelle bis 1964 mit diesem Rahmentyp aus. Die Ingenieure entwickelten außerdem ein pneumatisches Federungssystem, das 1957 den Eldorado Brougham vorbehalten war, und anschließend für die anderen Modelle als Extra zur Verfügung stand, bis es 1960 wegen mangelnder Zuverlässigkeit vom Produktionsprogramm gestrichen wurde.

Der V8 »Kettering« lebte seine letzten Augenblicke. 1956 erhöhte sich der Hubraum durch Aufbohrung von 5,4 auf 5,8 Liter, und im Jahr 1959 durch Verlängerung des Hubs auf 6,4 Liter. 1962 leistete der V8 in allen Modellen der Baureihe 325 PS, die Eldorado inbegriffen, die den anderen Cadillac seit 1961 leistungsmäßig nicht mehr überlegen waren. 1963 durfte der Veteran in den Ruhestand treten. Cadillac hatte einen neuen, ebenfalls 6,4 Liter großen V8 entwickelt, der aber kompakter und leichter war, ruhiger lief, vor allem aber über ein ganz neues Entwicklungspotential verfügte. Im Grunde brauchten die Cadillac, die schon seit einiger Zeit keinen technischen Vorsprung mehr aufzuweisen hatten, dringend dieses neue, stärkere Triebwerk. Sogar für die Chevrolet bot GM einen 6,7 Liter großen, 409 PS leistenden V8 an. In punkto Komfort, Luxus und Raffinessen blieben die Cadillac jedoch unbestrittene Topmodelle, ein Ziel, auf das Earl mit etlichen anderen Stilisten während der 50er Jahre unermüdlich hingearbeitet hatte. Bei den Eldorado Version 53 und Brougham Version 57 war dieser ostentative Luxus weit über die Grenzen der Vernunft hinaus betrieben worden. Die Modelle Baujahr 1962 und besonders der Eldorado Biarritz waren Vertreter dieser Tradition. Hochfloriger weicher Teppichboden, geschmeidige Leder, elektrische Bedienung für Verdeck, Sitze, Fenster – Windabweiser inbegriffen, Klimaanlage, »Cruise-control«, »Autronic-eye« und vier Zigarettenanzünder gehörten zu den Merkmalen, durch die sich die Cadillac seit jeher von ihren Rivalen unterschieden.

Die Heckflossen waren diskreter als im Jahr 1959, aber dafür rasiermesserscharf. Außerdem gab es neuerdings vier von innen, zwei auf und zwei unter den Kotflügeln! ¸DerEldorado Biarritz Version 1962 besaß zwar eine etwas schlichtere Karosserie, wartete aber immer noch mit unverändert luxuriöser Ausstattung auf.

ELDORADO
CADILLAC ELDORADO 62
6899
PX78
AMERICAN CAR'S CLUB

FORD

THUNDERBIRD 1962

Die Frage ist in aller Munde: War 1958 das Ende des T-Bird? Vom Standpunkt der Puristen aus zweifellos, aber bestimmt nicht in den Augen der Geschichte und angesichts der vom Nachfolger des »Little Bird« erreichten Verkaufsziffern. Robert McNamara, der Ende 1954 nach Lewis D. Crusoe das Präsidentenamt angetreten hatte, war nicht gerade ein Automobilfanatiker. Seine Leidenschaft galt Zahlen, vor allem, wenn sie sich in Form positiver Bilanzen aneinanderreihten. Schon bei seinem Amtsantritt hatte McNamara den zweisitzigen T-Bird von seinen Überlegungen ausgeschlossen. Die Kundschaft wollte vier Sitzplätze? Die sollte sie haben! So löste der T-Bird 1958 den ... T-Bird ab. Obwohl der Name weiterbestand, hatte der neue Ford nicht mehr viel mit den Vorjahresmodellen gemein. Der rassige elegante Donnervogel war von einem großen, kompliziert gestylten, ordinär aussehenden Walfisch verdrängt worden. Immerhin gab es zwei oder drei interessante neue Ideen, wie eine selbsttragende Karosserie oder eine Federung über vier Schraubenfedern, von der man jedoch bald wieder abkam.

CALIFORNIA
T BIRD62
HOUSE OF CORVETTES & CLASSICS

FORD

THUNDERBIRD 1962

Was die Motoren betraf, so wurden sie zwar weiterentwickelt, aber der Begriff »Sport« gehörte der Vergangenheit an. Dagegen zeigte der Letztgeborene von Ford einen neuen Weg auf, den die Konkurrenz unverzüglich einschlug. So entstanden die »Personal Luxury Cars«, Luxusautos mit persönlicher Note, die trotz allem populäre Großserienmodelle bleiben sollten. Obwohl das ursprüngliche Konzept nicht mehr existierte, gefiel die Neuorientierung, sodaß in den Jahren 1958/59/60 insgesamt 200000 Exemplare der neuen Version des T-Bird Abnehmer fanden, darunter 24255 Cabriolets.

Mit dem nunmehr traditionellen Dreijahreszyklus tauchte 1961 nach einem neuerlichen radikalen Stilwandel die dritte Generation der T-Bird auf. Diesmal hatte man mit glatten, ebenen Flächen zu einem ausgewogenen Erscheinungsbild zurückgefunden. Im Profil waren wieder Anklänge an die Raumfahrt spürbar, und die Windschutzscheibe hatte – ein Zeichen der Zeit – ihre Panorama-Rundungen verloren. Die Gürtellinie, von einer Chromleiste unterstrichen, in der sich der integrierte Türgriff befand, zog sich in einer sanften Neigung zum Heck hin, das in zwei enormen, runden, wie Reaktordüsen rotleuchtenden Rücklichtern auslief. Der inspirierte Stilist, Urheber dieses genialen Einfalls war Bill Boyer, seit 1955 Leiter des Stilbüros der Firma Thunderbird. Sein Entwurf war dem Projekt des im Stilbüro George Walkers angestellten Elwood Engels vorgezogen worden, das dem im gleichen Jahr eingeführten Lincoln Continental als Basis gedient hatte. Unter anderen Neuheiten besaß der T-Bird einen Elektro-Motor für Scheibenwischer und ein Autoradio mit Transistoren. Der originellste Einfall war jedoch das Lenkrad, das nach rechts verstellt werden konnte, um den Einstieg zu erleichtern. Dieses Zusatzangebot, für das sich die meisten Käufer entschieden, gehörte im folgenden Jahr zur Serienausstattung.

1962 erschien die Version Sport Roadster. Lee Iacocca, ebenso pragmatisch wie McNamara, dessen Platz er 1959 an der Spitze der Firma eingenommen hatte, stand sportlichen, das Image einer Marke aufwertenden Modellen positiver gegenüber als sein Vorgänger. Um wieder in die Gunst der Nostalgiker zu kommen, die das Verschwinden des ersten T-Bird nicht verwinden konnten, plante er die Entwicklung eines Exklusivmodells. Dabei kamen kolossale Geldinvestitionen nicht in Frage. Trotz eines mageren Budgets kann das Resultat als besonders gelungen bezeichnet werden. Die Rücksitze wurden mit einem »Tonneau cover« aus Glasfaser abgedeckt, der in der Farbe des Autos lackiert war und zwei integrierte, in das Kofferraumprofil übergehende Kopfstützen besaß. Auch prachtvolle »Kelsey Hayes«-Speichenräder gehörten zur Serienausstattung, und als weiteres Gadget gab es im Interieur ein »Sissy bar«, wie sie im Volksmund hieß, was soviel bedeutete wie Haltegriff für Angsthasen.

Dieses Modell gehört zu den schönsten Versionen der T-Bird-Baureihe – obwohl ihnen in punkto Mechanik keinerlei Sonderbehandlung zuteil wurde. Die vier Modelle der Baureihe, Coupé, Coupé mit Vinyl-Faltverdeck, Cabriolet und Cabriolet Sport Roadster, erhielten alle seit 1961 serienmäßig den 6,4 Liter V8, der 300 PS leistete. Mit drei wahlweise erhältlichen Holley-Doppelvergasern stieg die Leistung auf 340 PS.

Trotz seiner gelungenen Karosserie fand der Sport Roadster nur 1427 Käufer. 1963 sank die Nachfrage auf 455 Exemplare. Es stimmt zwar, daß der Aufpreis im Vergleich zum klassischen Cabriolet 651 Dollar betrug, aber allem Anschein nach hatten die Thunderbird-Anhänger etwas gegen Fahrtwind einzuwenden, denn mit 69554 Exemplaren von den insgesamt 78011 T-Bird, die 1962 von den Fließbändern liefen, verzeichneten die Coupés die stärkste Nachfrage. 1964 führte Ford die vierte Generation der T-Bird ein. Die neuen Versionen sahen immer noch gefällig aus, hatten aber ihre ursprüngliche Anziehungskraft verloren. Der heilige Donnervogel übte nicht mehr den gleichen Zauber aus, die Kunden zogen ihm neuerdings ein anderes legendäres Tier vor, einen galoppierenden Mustang, mit dem zehn Jahre nach dem ersten T-Bird ein neues Kapitel der Automobilgeschichte begann.

1961 zeigten sich die T-Bird mit klaren, klassischen Linien, ohne die übliche Panorama-Windschutzscheibe. Obwohl es sich hier um ein Serienmodell handelt, besitzt dieses Cabriolet einen meist den Sport Roadster-Versionen vorbehaltenen »Tonneau-cover« aus Glasfaser über den Rücksitzen. Das große, nach rechts verstellbare Lenkrad erleichtert das Einsteigen.

CHEVROLET

CORVAIR 1963

EIN SCHLECHTER RUF

Zeitvertreib oder echte wirtschaftliche Notwendigkeit? Auf jeden Fall standen die kleinen europäischen Autos – vor allem der VW-Käfer und der Renault-Dauphine – in den 50er Jahren in der Gunst des amerikanischen Publikums. Dieses Phänomen hätte eine Randerscheinung bleiben können, wenn die Nachfrage nach den kleinen Flitzern bei den amerikanischen Konstrukteuren nicht den höchst unangenehmen Eindruck hinterlassen hätte, einen Teil ihres persönlichen Kuchens durch unverzeihliche Dummheit zu verlieren.

So tauchten zuerst der Studebaker Lark und der Rambler Custom auf, dann Ende des Jahres 1959 die Ford Falcon, Plymouth Valiant und Chevrolet Corvair. Letzterer hätte sich dem technischen Konformismus der Konkurrenz anpassen können, wenn GM mit der Einführung ungewöhnlicher Lösungen nicht anders entschieden hätte. Eine selbsttragende Karosserie und vor allem ein hinter der Hinterachse untergebrachter Sechszylinder-Boxer-Motor

CHEVROLET

CORVAIR 1963

zeichneten den neuen kleinen Chevy aus, der außerdem mit einer Karosserie aufwartete, deren schlichte und stilvolle Linienführung gegen die letzten barocken Straßenkreuzer der Earl-Ära abstachen. Die glänzenden Chromteile waren verschwunden, die Heckauswüchse im Raketenwerfer-Stil hatten sich in Luft aufgelöst. Unter dem Einfluß Bill Mitchells, Nachfolger Earls seit Ende 1958, hatten die GM-Stilisten ein Auto entworfen, das geradewegs aus einem italienischen Stilbüro zu kommen schien. Leider war der Entwurf und Entwicklung gewidmete finanzielle Aufwand beträchtlich, und da der GM-Generalstab weder auf die Originalität des Konzepts verzichten, noch das geplante Einführungsdatum verzögern wollte, hatte man die Abstimmungsarbeiten – vor allem an der Radaufhängung – abgekürzt und an der Ausstattung gespart; ein fataler Fehler, der die Corvair von Anfang an benachteiligte. Der Innenraum war in der Tat so gemütlich wie eine Gefängniszelle, und der Motor, der mit seinen 2,3 Litern Hubraum magere 80 PS abgab, von geradezu trostloser Passivität. Die Kunden zogen letztlich für ca. 2000 Dollar die konventionelleren Autos vor, wie den Chevrolet Biscayne, der geräumiger war, mehr Komfort bot und im Grunde ihren Erwartungen mehr entsprach.

Zu allem Unglück wurde von berufener Stelle bereits Kritik am Übersteuerungsverhalten und an der schlechten Richtungsstabilität laut. Der kleine Chevy hatte seinen ersten großen Auftritt offensichtlich verpatzt. Aber bei GM wurde man sich schnell des Irrtums bewußt und brachte einige Monate später, im Mai 1960, eine gefälligere Version mit Coupè-Karosserie heraus, die den Namen »Monza« erhielt. Es war zwar noch kein revolutionäres Fahrzeug, aber die attraktivere Aufmachung und ein stärkerer Motor (95 PS) gefielen vor allem einem jüngeren Käuferkreis. Der Corvair schien das Richtige gewesen zu sein. Um die Position des neuen Modells auszubauen, vervollständigten 1961 zwei »Lakewood« getaufte Stationwagons (Kombis) die Baureihe, während der Hubraum – bei gleichbleibender Leistung – auf 2,4 Liter anstieg. 1962 tauchte im Modellkatalog endlich ein Cabriolet auf. Die größte Neuheit war jedoch die Einführung der Spyder-Versionen mit Coupè- und Cabrio-Karosserien, deren Motor mit Abgas-Turbolader plötzlich 150 PS abgab. Die Fahrleistungen verbesserten sich in den gleichen Proportionen: Höchstgeschwindigkeit 178 statt der früheren 140 km/h und 10,7 Sekunden für die Beschleunigung von 0 auf 100 km/h gegen 20,2 Sekunden des Vorgängers! Ein Vierganggetriebe und vor allem eine effizientere Radaufhängung vervollständigten die Liste der technischen Neuheiten und machten die anfänglichen Mängel wieder gut. In dieser Version konnte der Corvair mit 300000 gegen ca. 250000 im Vorjahr produzierten Exemplaren einen wenn auch nur vorübergehenden Erfolg verbuchen.

Damit war man allerdings noch weit von den Verkaufsziffern des Falcon entfernt, dessen Gesamtkonzept zwar auch etwa dem eines Skate-board entsprach, der aber jährlich ca. 400000 Abnehmer fand. Trotz alledem hatte der Corvair die Existenz eines neuen Kundenkreises aufgezeigt, der aus jüngeren, wohlhabenden, etwas snobistischen Käufern bestand, die, ohne wirkliche Außenseiter zu sein, von den 150 PS-Spyder-Versionen begeistert gewesen waren.

Bei Ford wurde die Botschaft wohl registriert: »Pferdestärken unter rassigen Hüllen«, hieß in Kurzform das Leistungsverzeichnis für den zukünftigen Mustang, der die Ära der »Pony-cars« einleitete und ganz Amerika begeisterte. Der zum gleichen Preis erhältliche Corvair hatte weit weniger Rasse und konnte gegen den ungeheuren Erfolg des Mustang nicht ankämpfen. Trotzdem machte man bei GM einen letzten Versuch. Der Corvair 65 wurde völlig neu entworfen. Gemäßigte, elegante Rundungen lockerten die langgestreckten, schmucklos-strengen Linien auf und erinnerten an den Buick Riviera, während Front und Kühler aggressiver wirkten. Den neuen Modellen fehlte es weder an Klasse noch an Anziehungskraft, aber ihr schlechter Ruf war noch nicht in Vergessenheit geraten, und die Nachfrage blieb von den Modifikationen nahezu unbeeinflußt.

Der wiederholten Mißerfolge überdrüssig, beendete die GM-Firmenleitung das Abenteuer und programmierte die endgültige Produktionseinstellung für Ende 1961.

Mit seinem im Heck eingebauten Sechszylinder-Boxer-Motor, einer besonders schlichten Linienführung und Innenausstattung ist der Chevrolet Corvair ein Einzelfall in der amerikanischen Automobilgeschichte. Erst 1962 tauchten im Modellkatalog ein Cabriolet und leistungsstärkere, erstmals serienmäßig mit einem Abgas-Turbolader ausgestattete Versionen auf.

CORVAIR
F
2921
GZ 93

STUDEBAKER

LARK DAYTONA 1964

SOUTHBEND: EINE SACKGASSE

Seit langem war die Bilanz der Firma Studebaker in South Bend/Indiana in den roten Zahlen, obwohl die Direktion, die mit den bereits existierenden Modellen fertig werden mußte, jedes Jahr von neuem versuchte, die älteste Marke der amerikanischen Automobilindustrie auf den richtigen Kurs zu bringen.

1958 kam Harold Churchill, der neue Präsident der Automobilabteilung auf den Gedanken, daß das Heil der Marke nach dem Vorbild dieser kleinen europäischen Autos, deren Erfolg den Verantwortlichen in Detroit ein Dorn im Auge war, vielleicht von einem populären, kleinen und wirtschaftlichen Modell kommen könnte. Leider verfügte Churchill nur über begrenzte Mittel, sodaß wieder einmal Reste verwertet werden mußten, was Chefingenieur Gene Hardig und Chefstilist Duncan McRae deutlich vor Augen geführt wurde. Für das neue Modell übernahm man also den aus dem Jahr 1953 stammenden gesamten Mittelteil mit der Passagierzelle. Der Rahmen wurde verkürzt

STUDEBAKER

LARK DAYTONA 1964

und ein neues Radaufhängungssystem entwickelt. Schließlich fiel Virgil Exner Jr. und Bill Bonner die heikle Aufgabe zu, das zukünftige Modell zu entwerfen. Es war eine undankbare Arbeit, und als der Studebaker Lark sieben Monate später vorgestellt wurde, sah die Öffentlichkeit ein gedrungenes, untersetztes Kompaktauto, das mit seinem trapezförmigen Kühlergrill und den beiden waagerechten Lufteinlässen zu beiden Seiten glücklicherweise eine Familienähnlichkeit mit dem Hawk besaß. Trotz seines ungünstigen Äußeren hatte der neue Lark sofort großen Erfolg, der die Prognosen Churchills weit übertraf und Studebaker zum ersten Mal seit 1953 einen Gewinn einbrachte, den sich die Firmenleitung nicht einmal erträumt hatte: 28 Millionen Dollar!

1960 gingen Ford, GM und Chrysler zum Gegenangriff auf dem Kompaktwagen-Sektor über und führten ihre Falcon, Corvair und andere Typen wie den Valiant ein. Die Produktionsziffern des Lark gingen drastisch zurück: 109781 Exemplare gegen 160826 im Vorjahr. Harold Churchill glaubte jedoch weiter felsenfest an die Qualitäten seines Autos und plante ein ehrgeiziges Produktionsprogramm für 1962. Aber leider verfolgte Clarence Francis, Präsident der Gruppe, nicht die gleichen Ziele. Er investierte lieber die ursprünglich für die Entwicklung des Lark vorgesehenen Summen im Kauf gutgehender Unternehmen. Der Konflikt zwischen beiden Männern war unvermeidlich, und am 2. September 1960 schied Churchill aus der Studebaker Corporation aus. Clarence Francis hatte freie Bahn. Er konnte ungehindert seine Politik der Diversifikation betreiben, die der Studebaker-Gruppe im Lauf der nächsten Jahre beträchtliche Gewinne einbrachte, während die Automobil-Herstellung dem Ende nahe war.

Harold Churchill wurde im Präsidentenamt durch Sherwood Egbert ersetzt, der für Studebaker die »Avanti«-Ära eröffnete. Aber noch während der Entwicklungsarbeiten an diesem Spezialauto nahm Egbert Kontakt zum Stilisten Brooke Stevens auf, der die restlichen Modelle der Baureihe für 1962 überarbeiten sollte. Die Linien des Lark wurden modernisiert, verfeinert und gestreckt. Zu beiden Seiten des Kühlergrills waren neuerdings auch die aktuellen Doppelscheinwerfer zu sehen. 1962 brachte Studebaker den Daytona heraus, der neben dem Cruiser als Topmodell die Baureihe bereicherte. Aber trotz dieser Bemühungen schien die Firma Studebaker unwiderruflich zum Untergang verdammt. Im November 1963 trat Sherwood Egbert, krank und deprimiert, seinen Platz an Byers Burlingame ab, der nur darauf aus zu sein schien, möglichst schnell das Ende herbeizuführen. Einen Monat nach seinem Amtsantritt kündigte er die Verlegung der Produktion in das Werk in Hamilton/Kanada an, und am 9. Dezember 1963 lief der letzte Studebaker in der Fabrik in South Bend vom Band. Trotz dieser Neuorientierung hatte der Stilist

Ein trauriges Ende für die Studebaker, deren Produktion Ende des Jahres 1963 nach Kanada verlegt und 1966 endgültig eingestellt wurde. Dabei waren die letzten Lark Daytona mit ihren kantigen, von Brooks Stevens entworfenen Karosserien durchaus reizvoll. Für das hier gezeigte Cabriolet standen acht Motortypen zur Wahl, die zwischen 182 und 335 PS leisteten.

S T

STUDEBAKER

LARK DAYTONA 1964

Brooks Stevens eine bemerkenswerte Arbeit geleistet, um 1964 eine noch elegantere Modellreihe vorstellen zu können. Die Lark-Versionen hatten sich vollkommen verändert. Diesmal waren die hier und da noch verbliebenen Rundungen endgültig verschwunden, um einem gestreckteren, sportlicheren Entwurf Platz zu machen, der länger wirkte als die Vorjahresversionen. Der neue, niedrigere und breitere Kühlergrill mit diesmal integrierten Doppelscheinwerfern harmonisierte auf vollkommene Weise mit den kantigen Linien der Heckpartie und den beiden schmalen, waagerechten Rücklichtern. Auch die symmetrischen Profilkanten über den vorderen und hinteren Radkästen verdeutlichten dieses Bemühen um ausgewogenes Styling. Obwohl das Ende nahte, bestand die Lark-Baureihe noch aus vier Versionen: Challenger, Commander, Daytona und Cruiser, für die zwei Motortypen angeboten wurden: Der 2,8 Liter große, 112 PS leistende Reihen-Sechszylinder, oder der V8, der mit 4,2 Litern 180 PS abgab. Der Katalog der Motor-Zusatzangebote war besonders reichhaltig und der Kunde konnte unter einer großen Anzahl V8-Varianten seine Wahl treffen, angefangen von 4,2 Litern mit 195 PS, bis zum 5 Liter großen V8, der 335 PS abgab.

Das auf diesen Seiten gezeigte Cabriolet Daytona war mit dem serienmäßigen 4,2 Liter-V8 ausgestattet, ein »kleiner« Motor, mit dem dieser Daytona 1964 170 km/h erreichte. Nichts, was den US-Durchschnittsbürger beeindruckt hätte, der die Studebaker hauptsächlich wegen ihrer guten Fahreigenschaften schätzte. Das »Flightomatic« benamte Automatikgetriebe hatte drei Gänge, ein mechanisches Drei- oder Vierganggetriebe wurde ebenfalls angeboten. An den Vorderrädern besaßen die Daytona Version 64 Scheibenbremsen – ein Extra in den USA, das bei den Exportmodellen zur Serienausstattung gehörte. Das Interieur trug den Stempel Brooks Stevens, der den Ausstattungsdetails besondere Aufmerksamkeit gewidmet hatte, wie der Spiegel im Handschuhfach bewies.

Obwohl sie in Kanada hergestellt wurden, sorgten die letzten Studebaker für den Fortbestand einer Markentradition, die immer die Identität ihrer Modelle zu wahren verstanden hatte. 1965 fanden noch einige Modifikationen statt – aber es war bereits zu spät. Am 4. März 1966 wurde die Produktion endgültig eingestellt.

Dieses Ende ist umso bedauerlicher, als sich die Studebaker Corporation, zu der zahlreiche Firmen der unterschiedlichsten Branchen gehören, in einer Expansionsphase befand. Aber die Bankiers, denen Gefühlsregungen fremd schienen, hatten das Ende der ältesten amerikanischen Automobilfirma beschlossen, die 1852 in South Bend von den Brüdern Studebaker gegründet worden war, um die Pioniere auf dem Weg nach Westen mit den nötigen Planwagen zu versorgen.

Dieses Cabriolet ist einer der letzten Vertreter einer berühmten, seit 1852 in South Bend/Indiana etablierten Dynastie. Die Brüder Studebaker hatten damals diesen Ort auf dem Weg nach Westen gewählt, um Pferdewagen und Fuhrwerke für die Siedler zu bauen und zu reparieren.

FORD

MUSTANG 1965

EIN UNGEZÄHMTES VOLLBLUT

1960 befanden sich die Vereinigten Staaten in einer Verjüngungsphase. John F. Kennedy zog ins Weiße Haus ein und die »Baby-boom«-Generation, die Zahl der nach dem Krieg geborenen 20–25jährigen war im Begriff, sich in den nächsten Jahren zu verdoppeln. Lee Iacocca, der bei Ford die Nachfolge Robert McNamaras angetreten hatte, umgab sich mit einem Team ehrgeiziger junger Männer, die fest entschlossen waren, das Markenimage ihrer Firma wieder auf Hochglanz zu bringen. Marktstudien hatten gezeigt, daß die Mode nüchterner wirtschaftlicher Modelle, die Ende der 50er Jahre gefragt waren, langsam ausklang und die Kundschaft wieder aufregendere Autos verlangte. Im gleichen Zeitraum erhielt die Firma einen Berg von Briefen, in denen die Kunden immer noch ihrem Bedauern über die Aufgabe der allerersten T-Bird Ausdruck gaben. Fast schien es, als wäre dieses Auto seiner Zeit voraus gewesen. Iacocca und sein Team beschlossen daher, der Nation ein attraktives, sportliches und gleichzeitig preisgünstiges Automobil nach Maß anzubieten, das der großen Mehrheit zugänglich sein sollte.

F O R D
1964 ½
5432RA92
Ford MUSTANG

FORD

MUSTANG 1965

So war die Idee des Mustang entstanden. Die Stilisten setzten sich unverzüglich vor ihre Zeichenbretter, um dem Konzept Form zu verleihen. Von ihrem Talent hing der Erfolg des zukünftigen Modells ab. Am Sommeranfang 1962 war das Projekt aber immer noch nicht über das Anfangsstadium hinaus gediehen und da die Einführung im April 1964 auf der Internationalen Ausstellung in New York stattfinden sollte, wurde Lee Iacocca langsam ungeduldig. Um die Dinge voranzutreiben organisierte er einen Wettbewerb unter den Stilistenteams mit dem 16. August als Stichtag. Sieben Modelle wurden schließlich vorgeführt, aber nur ein einziges entsprach den Vorstellungen der Direktion. Das Team Dave Ash/Joe Oros hatte ein Auto gezeichnet, dessen lange, leicht gewölbte Haube Eleganz und Aggressivität ausstrahlte, während das relativ kurze, stämmige Heck einen Eindruck geballter, verhaltener Kraft vermittelte. Wegen seiner raubtierhaften Erscheinung taufte man das Projekt Cougar. Von nun an konnte alles sehr schnell gehen, denn die wichtigsten Teile der Mechanik wurden vom Falcon übernommen.

Nach Entwurf, Entwicklung und Einführung des neuen Modells fehlte nur noch ein Name, der seiner Persönlichkeit gerecht wurde. Wie zehn Jahre zuvor für den T-Bird, fehlte es auch diesmal nicht an Vorschlägen. Schließlich entschied man sich für Torino, ein Name, den ein Hauch Exotik und italienisches »Dolce vita« umgab. Einige Wochen vor der Ausstellung versetzte jedoch ein unvorhergesehenes Ereignis die Firma in Dearborn in Aufregung. Henry Ford II hatte eine junge Italienerin kennengelernt. Das Auto mußte unverzüglich umgetauft werden, um der Sensationspresse keine Nahrung zu geben. Ein Abgesandter versenkte sich schleunigst in das Studium von Namen aus dem Tierreich, für die Ford eine Schwäche hatte. Sechs Namen kamen in die engere Wahl: Bronco, Puma, Cheetah, Colt, Cougar und... Mustang. Letzterer erzielte sofort Einstimmigkeit, zumal man den Namen, dessen Wahl damals durch ein Jagdflugzeug aus dem zweiten Weltkrieg angeregt worden war, bereits einem Prototyp gegeben hatte. Die Silhouette des Cougar hatte schon Lee Iacocca gefallen – der Mustang, der am 17. April 1964 an die Markenhändler geliefert wurde, rief bei der Öffentlichkeit wahre Begeisterungsstürme hervor. An jenem Tag schien ganz Amerika für den Mustang zu schwärmen, und Massen standen Schlange, um den Letztgeborenen von Ford zu bewundern, den jeder sogleich besitzen wollte. Überall in den USA brach die Mustang-Psychose aus. In Texas verbrachte ein Mann die Nacht im Ausstellungsmo-

Mit seinem gedrungenen, Kraft verheißenden Heck und einer langen, leicht gewölbten Haube begeisterte der von Dave Ash und Joe Oros entworfene Mustang ganz Amerika. Das wilde, galoppierende Pferd ist ein weltweit bekanntes Symbol geworden – dabei hätte der Mustang beinahe Cougar oder Torino geheißen.

FORD

MUSTANG 1965

dell, weil er ganz sicher gehen wollte, nicht in letzter Minute doch noch seines Eigentums beraubt zu werden, das er sich am Abend zuvor für ein Höchstgebot über 14 andere Kunden erkämpft hatte. In Seattle zertrümmerte der vom Mustang faszinierte Fahrer einer Betonmischmaschine mit seinem Gefährt das Garagenfenster, und viele Vertragshändler konnten den Enthusiasmus der Neugierigen nur mit Mühe bändigen. Auch die Presse bemächtigte sich des Ereignisses, und der Mustang war gleichzeitig – ein beispielloses Vorkommnis – auf den Titelseiten von Time und Newsweek zu sehen.

Ford hatte einen Absatz von 75000 bis 200000 Exemplaren einkalkuliert. Die tatsächliche Produktion von 418812 Mustang kam selbst den Marktspezialisten unerwartet und übertraf den vom Falcon erzielten Verkaufsrekord. Es sei erwähnt, daß der Mustang seine Reize zu einem besonders niedrigen Preis anbot. Ein Cabriolet Baujahr 1965 kostete nur 2368 Dollar, damit lag es auf dem gleichen Preisniveau wie die bereits veralteten und unvergleichlich weniger attraktiven Chevrolet Corvair oder Dodge Dart. Außerdem konnten die Käufer ihre Autos sozusagen »à la carte« individualisieren, indem sie aus einer umfangreichen Angebotsliste die Extras aussuchten, mit denen sie die Innenausstattung oder die Aufmachung verbessern, das Getriebe wählen und ihren Mustang dank eines reichhaltigen Angebots an mehr oder weniger straff abgestimmten Federungen und Scheibenbremsen in einen echten Sportwagen verwandeln konnten. Zu den Sonderangeboten gehörte auch ein 4,3 Liter-V8, der 164 PS leistete und vorteilhaft den »armen« Sechszylinder mit seinen 2,8 Litern und 101 spärlichen PS ersetzte.

Bereits im Herbst 1964 änderte der Ford-Konzern seine Taktik. Der Reihen-Sechszylinder wurde durch einen stärkeren, hubraumgrößeren Motor ersetzt (3,3 Liter, 120 PS), und ein neuer V8, der mit einem Hubraum von 4,7 Litern je nach Wahl des Kunden 200, 225 oder 271 PS leistete, stand als Extra auf der Angebotsliste. Mit diesem V8 zeichneten sich kurz darauf der Cobra und der GT 40 im Rennbetrieb aus.

Der Mustang, der sein Entstehen dem pragmatischen und gleichzeitig intuitiven Verstand Lee Iacoccas verdankte, überquerte bald den Atlantik. Der Mythos »Mustang«, der sich durch Filme und Siege im Rennbetrieb immer weiter verbreitete, wurde auch für Europa ein Begriff und ist heute nicht mehr aus den legendären »Sixties« wegzudenken.

Dieses Cabriolet gehört zu den schönsten seiner Art. Ein V unter einer dreistelligen Zahl auf dem linken vorderen Kotflügel gibt Aufschluß über seinen Motor, den berühmten 4,7-l-V8 von Ford, der den Cobra und GT 40 als Basis gedient hatte. Außerdem istdas Cabriolet mit dem Extra »Rally-Pac« versehen, das die Instrumentierung durch einen Tourenzähler und eine Uhr ergänzt.

1964-½
5432RA92
Ford MUSTANG

0 10 20 30 40 50 60 70 80 90 100 110 120
TEMP
MUSTANG
R.P.M. X 100
RALLY · PAC

CHEVROLET

CORVETTE STING RAY 1965

EIN EDLER RENNER

Eigentlich wollten wir uns einen Ford ansehen, und zwar in Illinois, nur ein paar Kilometer von Chicago entfernt. Während der Fahrt fragte unser Gastgeber plötzlich: »Wollen Sie einen Sting Ray fotografieren?« Wir sahen uns nur stumm an, und er merkte, daß er uns diesen Vorschlag nicht zweimal zu machen brauchte. Ein Anruf und eine Verabredung für den nächsten Morgen genügten, um dem legendären Automobil Auge in Auge gegenüber zu stehen.

Die Corvette Sting Ray gehört wahrscheinlich zu den zehn phantastischsten Autos, die je existierten. Da ist vor allem ihr völlig anderer Stil, eine erlesene Erscheinung von raubtierhafter Eleganz, die beim ersten Blick in ihren Bann schlägt. Bill Mitchell hatte damit wohl sein Meisterwerk geschaffen. Dann ist der Sting Ray ein Produkt jenes von Zora Arkus Duntov meisterlich orchestrierten Leistungswettlaufs, der zwei Jahre später zur leistungsstärksten Corvette aller Zeiten führte, einer Version mit Seltenheitswert, deren 7 Liter großer Motor 560 PS entwickelte!

Wie die allerersten Corvette entstand auch der Sting Ray gewissermaßen im Verborgenen. Man erinnere sich, daß der Verband der Automobilkonstrukteure 1957 den Mitgliedsfirmen die Rennteilnahme untersagte. Damit fand

CHEVROLET

CORVETTE STING RAY 1965

sich das Projekt Corvette SS, ein Prototyp, der in Prestige-Rennen wie den 12 Stunden von Sebring und den 24 Stunden von Le Mans gegen die größten Marken antreten sollte, im Keim erstickt. Aber Bill Mitchell kaufte das Experimentalauto und entwickelte auf dieser Basis einen offenen Rennzweisitzer im Barketta-Stil, den er 1959 und 1960 privat einsetzte. Die Resultate ließen zu wünschen übrig, und es war vor allem die Schönheit des neuen Modells, die Aufmerksamkeit erregte. Für die Beobachter war es offensichtlich, daß diese Spezial-Corvette einen neuen Weg im Karosseriestil aufzeigte. Die Neuorientierung begann bereits 1961. Die Modelle wurden zwar nicht ganz und gar überarbeitet, erhielten aber den berühmten Entenbürzel – Duck tail – mit der charakteristischen scharfen Profilkante und den vier einzeln angebrachten, kleinen, asymmetrisch umrandeten Rücklichtern, die auch bei den späteren Sting Ray zu sehen waren. Zur gleichen Zeit entwickelte Chevrolet drei andere Modelle als Ersatz für die Corvette SS, aber keines von ihnen war gänzlich zufriedenstellend, und so wurden sie aufgegeben.

1964 stellte Chevrolet den neuen Sting Ray vor: Ein neben dem klassischen zweisitzigen Roadster befindliches Coupè mit originellem Heckprofil, das sich neben anderen Neuheiten durch seine geteilte Heckscheibe auszeichnete. Bill Mitchell hatte diesen stilistischen Effekt eingeführt, der die profilierte Mittellinie des Coupès verlängern, seine untersetzte Silhouette und seinen aggressiven Charakter unterstreichen sollte. Alle Mitarbeiter waren dagegen gewesen, und die Presse übte heftige Kritik an diesem stilistischen Detail. Mitchell machte schließlich einen Rückzieher, und das »Split window« verschwand noch im gleichen Jahr. Neu waren auch die versenkbaren Doppelscheinwerfer, die nach dem Verschwinden des De Soto im Jahr 1942 erstmals wieder bei einem amerikanischen Auto zu sehen waren. Eine der wesentlichen am Sting Ray geübten Kritiken betraf den nur von innen zugänglichen Kofferraum. Das Reisegepäck mußte über die Lehne der Sitzbank gehievt werden. Dem Roadster blieb diese Kritik erspart. Seine Erscheinung war elegant und harmonisch, selbst wenn sie nicht die Originalität des Coupés besaß.

Aber nicht nur der Stil überraschte durch sein avantgardistisches Konzept. Die Sting Ray besaßen ebenfalls einen neuen, steiferen Rahmen und Einzelradaufhängung, mit der sich ganz neue Möglichkeiten eröffneten, zu denen auch der Einbau noch stärkerer Triebwerke gehörte. Vorerst wurden die vier Motorentypen von 1962 übernommen, wobei der Hubraum von 3,9 Litern durch gleichzeitige Erweiterung der Bohrung und Vergrößerung des Hubs auf 5,4 Liter angestiegen war. In der Vergaserversion wurden 250, 300 und 340 PS erzielt, während der Einspritzmotor 360 PS abgab. In den folgenden Jahren ging der Leistungswettlauf weiter: 1964 kündigte der Konstrukteur 250, 300, 365 und 375 PS an. 1975 begann eine neue Entwicklungsphase mit einem wahlweise erhältlichen 6,5 Liter großen Block, der zur Generation der Mark IV-Motoren gehörte und Turbo-Jet genannt wurde, obwohl er kein Aufladesystem besaß. Er leistete 431 PS. Mit ihm erreichte der Sting Ray 225 km/h und legte die 400 Meter mit stehendem Start in 14 Sekunden zurück. Die Ingenieure frisierten diesen Motor unermüdlich weiter. 1966 erhöhte sich der Hubraum auf 7 Liter und die Leistung auf 395 und 430 PS. Diese neue Version ersetzte das 1962er Triebwerk mit 5,4 Litern, das es nur noch in der 300- und 350 PS-Variante gab. 1967 erreichte der Turbo-Jet in der letzten Entwicklungsphase 405 und 441 PS, ohne die bereits erwähnte, phänomenale 560 PS-Version zu vergessen.

Diese schon rein leistungsmäßig bemerkenswerten Motoren zeichneten sich ebenfalls durch ihr phantastisches Drehmoment aus, das bis zu 64 m/kg bei 3600/min betrug! Jeder, der damals den Sting Ray fuhr, war von dieser phänomenalen Fahrleistung beeindruckt. Alle Tests stimmten diesbezüglich überein: Von geringen, durch unterschiedliche Achsuntersetzungen bedingten Leistungsunterschieden abgesehen, beschleunigte eine optimal ausgestattete Corvette mit der 7 Liter-Motorvariante in fünf Sekunden von 0 auf 100 km/h, legte 400 Meter mit stehendem Start in 12 Sekunden zurück und erreichte eine Höchstgeschwindigkeit von 220 km/h. Im Grunde hatte der Sting Ray nur einen einzigen ebenbürtigen Rivalen, nämlich den ebenso monströsen, aber viel spartanischeren AC Cobra.

Mit der Entscheidung, den von Mitchell und Duntov geschaffenen Sting Ray in Serienproduktion zu nehmen, hatte die Firma Chevrolet die richtige Wahl getroffen. Ohne Millionenziffern zu erreichen, verzeichnete die Corvette einen regelmäßigen Produktionsanstieg (21513, 22229, 23562 und 27720 Exemplare in den Jahren 1963/64/65/66), bis sich die Nachfrage 1967 auf 22940 Einheiten einpendelte.

Die Qualitäten der Corvette erklären natürlich auch ihren Erfolg, an dem aber auch der Preis nicht unbeteiligt war: Mit 4000 bis 4400 Dollar je nach Version und Baujahr lagen sie unter dem Preisniveau der T-Bird, die allerdings für einen anderen, mehr an Luxus und Komfort als an erhebenden Fahrgefühlen interessierten Käuferkreis bestimmt war. Die Firma selbst beanspruchte vorerst noch nicht den Titel »Sportwagen« für den Sting Ray, was sich aber mit der Einführung des Mustang Shelby änderte. Die sportlichen Qualitäten lagen zu sehr auf der Hand, als daß ihre Betonung nötig gewesen wäre. Selbst die späteren Generationen der Corvette vermochten das sportliche Image ihres Stammvaters nicht zu trüben. Noch heute gilt der Sting Ray als der phantastischste amerikanische Sportwagen aller Zeiten.

Die Corvette Sting Ray ist zweifellos das Meisterwerk Bill Mitchells. Ihre sportlich-aggressive Silhouette verspricht höchste Leistung, die von einer stattlichen Zahl zur Auswahl angebotener V8, deren stärkster 560 PS leistet, mühelos erbracht wird. Jeder, der einmal eine Corvette Sting Ray in den Händen hatte, war von den Fahrleistungen dieses Modells überrascht, das wie ein echter Dragster reagierte.

CHEVROLET

CHEVELLE SS 1966

HEISSES ÖL UND VERBRANNTES GUMMI

An welche Chevrolet der 60er Jahre erinnert man sich heute noch? An den Sting Ray natürlich, vielleicht an den Camaro und – allerdings aus anderen Gründen – an den Corvair. Dabei vergißt man eine ganze Modellgeneration, die in Europa weithin unbekannt geblieben ist, in den USA aber geschätzt wurde.

Auf den ersten Blick hatten diese Chevy nichts, was Aufmerksamkeit erregt hätte. Sie gingen in der Masse ihrer Artgenossen unter und glichen den namenlosen Straßenkreuzern aus amerikanischen Serien, die einige Fernsehsender das ganze Jahr über ausstrahlen.

Dabei hatten die Chevelle auch ihren Reiz – es fehlte nur am gewissen Etwas. Der Blick schweift vom Kühlergrill zu den Heckleuchten und bleibt nirgends hängen. Man kann das Manöver zehnmal wiederholen – es ist immer dasselbe. Auch in der Erinnerung gleiten diese Linien ohne Anhaltspunkt vorüber. In den 50er Jahren waren die amerikanischen Nobelfahrzeuge wenigstens bewundernswert gewesen. Ihre Kurven und Rundungen milderten sich nur, um neuen Formen als Ansatz zu dienen. Die Linien

SS
396

CHEVROLET

CHEVELLE SS 1966

beschrieben Spiralen und Arabesken, und die Konstrukteure verbrannten ihren Energieüberschuß beim Gestalten dieser üppigen, rollenden Bildhauerwerke. Aber die Chevelle waren 1964 zu einem Zeitpunkt entstanden, in dem Amerika den Reiz geometrischen Stylings wiederentdeckte. Warum also haben wir den Chevelle in diesem Buch vorgestellt, das den prachtvollsten Cabriolets gewidmet ist? Einfach weil er die Kategorie der »Muscle Cars« vertritt, eine Generation »Dynamit«-Modelle, die von allen Konstrukteuren auf den Markt gebracht wurde. Beim Konzept dieser Leistungsbomben war man von einer einfachen Formel ausgegangen: Eine billige Mittelklasse-Limousine, in die kurzerhand der größte verfügbare V8 eingebaut wurde. Das Resultat war buchstäblich explosiv. Die Autos verbrannten an jeder Ampel soviel Reifengummi wie Benzin, rutschten mit Enthusiasmus in die Kurven, sprinteten mit ungefähr 200 km/h, bremsten mit viel weniger Enthusiasmus, kurz und gut, sie appellierten an das höchste Fahrkönnen ihrer Piloten. Die Begabtesten kamen zweifellos auf ihre Kosten, die nicht ganz so gut Eingeweihten setzten sich denkwürdigen Situationen aus.

Jeder Konstrukteur bot sein eigenes Frisierrezept an. Ford brachte den Fairlane GT heraus, dann den Torino GT, während Chrysler seine Farben mit dem Dodge Charger und dem Plymouth Belvedere SS verteidigte. In gewisser Weise war GM am aktivsten, denn der Konzern bot gleichzeitig den Pontiac Tempest GTO, den Oldsmobil 442 und den Buick Skylark Gran Sport an.

Mit der Entwicklung des Chevelle sollte vor allem eine Modellücke zwischen dem kompakten Chevy und den großen Impala geschlossen werden. Außerdem wollte Chevrolet ein Zwischenmodell anbieten, das den Mißerfolg des Corvair wiedergutmachen konnte. Die Firma, die die schlechte Erfahrung noch nicht überwunden hatte, vermied technische Wagnisse und knüpfte sogar wieder an die Tradition der getrennten Bauweise von Chassis und Karosserie an. Der Rahmen war so dürftig, daß bei den ersten Modellen bald Anzeichen von Bruchstellen auftraten. Der Rest war von gleichem Stil, sodaß die Hinterradaufhängung an Schraubenfedern statt der üblichen Blattfedern fast revolutionär wirkte.

Gleich zu Beginn gab es in der Chevelle-Baureihe drei Modellserien: Die 300, die Malibu und die Malibu SS, d. h. insgesamt 22 verschiedene Versionen, die von zahlreichen Motorvarianten angetrieben wurden. Am unteren Ende der Skala befanden sich zwei friedliche Sechszylinder (3,2 Liter/120 PS, 3,8 Liter/140 PS). Dann kam die breitgefächerte V8-Palette. Serienmäßig erhielten die Chevelle einen 3,9 Liter großen Motor, dessen Basisleistung von 195 PS mit Extras 220 PS erreichte.

Der interessanteste aller Motoren war jedoch die 5,4 Liter-Version des V8, der nur für die Malibu SS und gegen Aufpreis erhältlich war und je nach Wahl 250 oder 300 PS abgab!

1965 ging die Firma einen Schritt weiter und baute unter der Haube des SS den ganz neuen 6,5 Liter großen V8-Turbo-Jet ein, der 325, 375 und sogar 425 PS abgab. Das Ergebnis war wahrhaft furchterregend. Die Autos reagierten wie echte Dragster, deren Lieblingssport im Asphalt-Versengen besteht. Alle Versionen beschleunigten übrigens in weniger als 7 Sekunden von 0 auf 100 km/h und legten die 400 Meter mit Standstart in knapp 15 Sekun-

den zurück. Leider versagten alle immer dann, wenn es um Wendigkeit ging. Das insgesamt brauchbarste der drei Modelle war die 375 PS-Version, die dank einer Spezial-Nockenwelle, großer Ventile und eines enormen Holley-Vierfachvergasers alle Vorteile des »kleinen« 325 PS-Motors mit der Leistung der 425 PS-Variante vereinte. Außerdem besaß dieses Modell mit 58 m/kg bei 3600/min das beste Drehmoment. Bevor die Mitstreiter den ersten Gang einlegen konnten, wartete der Chevelle schon an der nächsten Ampel.

1966 sah es aus, als mache die Firma einen Rückzieher. Der Typ 396 mit seinen 325 PS befand sich zwar immer noch unter der Haube der Chevelle SS, aber die gegen Aufpreis erhältliche stärkere Variante mußte sich mit 360 PS begnügen. Bei unverändert gutem Drehmoment wurden auch etwas geringere Fahrleistungen registriert: Acht Sekunden, um auf 100 km/h zu beschleunigen, 15,5 Sekunden für die 400 Meter, die Höchstgeschwindigkeit war bei 200 km/h erreicht. Allerdings änderten sich diese Werte je nach Einbau eines mechanischen Drei- oder Vierganggetriebes oder einer automatischen, flüssigkeitsgekühlten Powerglide-Kraftübertragung. Fünf Achsuntersetzungen von 3,3:1 bis 4,88:1 standen ebenfalls zur Wahl, wobei die drei letzten selbsthemmend ausgelegt waren.

Im gleichen Jahr 1966 fand auch das erste Restyling statt. Wie die Corvair war der Entwurf der Chevelle vom Stil der Buick Riviera beeinflußt, deren runde Formen, die eleganten Linien der hinteren Kotflügel, der aggressive Kühlergrill und die konkave Heckpartie auch hier zu finden waren. Leider hatte eine stilistische Vereinheitlichung der Baureihe stattgefunden, und die Topmodelle Malibu SS unterschieden sich nur durch einige Aufschriften und Symbole. Im Innenraum waren alle charakteristischen Merkmale der damaligen Epoche vereint: Vor dem Zweispeichen-Lenkrad befand sich im wuchtigen Instrumentenbrett ein schlecht lesbarer, rechteckiger Tacho. Die anderen Informationsgeber bestanden aus einfachen Kontrolleuchten und der auf Wunsch montierte Drehzahlmesser – wie auch die Uhr – befand sich in der Mittelkonsole – kein sehr praktischer Unterbringungsort. Eins war gewiß: Die Firma versuchte nicht, mit schmeichelhafter Ausstattung Kunden zu werben. Ziel der »muscle car«-Mode war, den Käufern für wenig Geld möglichst aufregende Fahrerlebnisse zu verschaffen. Zum Preis von 2776 Dollar für das Coupè und 2984 Dollar für das Cabriolet – plus 105,35 Dollar für den 360 PS-Motor – kamen 72300 Amerikaner in den Genuß des ganz speziellen Fahrvergnügens, mit dem die Malibu SS ihre Eigner überraschten. Noch heute wird die Stille kleiner Provinzstädte nicht selten vom tiefen Grollen eines V8 mit hohem Füllungsgrad unterbrochen, und man kann eines dieser kraftstrotzenden, meist überholungsbedürftigen Ungetüme, einen Geruch heißen Öls hinterlassend, vorbeidonnern sehen und hören.

Der Chevelle gehört zur Kategorie der »Muscle-Cars«, äußerlich gewöhnliche Serienautos, die mit starken V8-Motoren ausgestattet wurden und bei jedem Start ebensoviel Reifengummi wie Benzin verbrauchten. Das Cabriolet auf diesen Seiten ist mit dem 375 PS leistenden, 6,5 Liter großen V8 ausgestattet, der ursprünglich für die Corvette entwickelt worden war. Man beachte das für die 60er Jahre typische, mathematisch konzipierte Instrumentenbrett.

FORD

FAIRLANE 500 1969

NACHHUTGEFECHT

Ford will seinem Namen neuen Glanz verleihen, Neues schaffen, seinen Ruf auffrischen, sein Firmenimage aufpolieren. Wir schreiben das Jahr 1962, und Lee Iacocca befaßt sich bereits mit dem Mustang. Da kommt dem Direktor in seinem großen Büro in Dearborn ein glänzender Gedanke: Anstatt seine Energie in den Aufbau eines neuen Image zu investieren, kauft sich Ford einfach eins, einen berühmten, prestigereichen, von Ruhmesglanz umgebenen Namen: Der Generalstab beschließt, die Firma Ferrari zu kaufen.

Die Amerikaner kreuzten in Maranello auf, wie in einem Supermarkt. »Ich nehme, ich zahle«, war die Devise. Enzo reagierte natürlich verärgert und schickte den Vortrupp wieder über den Atlantik zurück. Die Verhandlungen verliefen im Sande, bevor sie richtig begonnen hatten. Ford blieb nichts anderes übrig, als bei der Modernisierung der Marke selbst Hand anzulegen. Wenn jemand diese Niederlage mit Genugtuung erfüllte, so war das Caroll Shelby, der plötzlich die nötigen Mittel erhielt, um die Daytona-Coupés zu entwickeln. 1964 holten sich diese Modelle den Weltmeistertitel vor den ...GTO! Aber Ford wollte einen

FORD

FAIRLANE 500 1969

Sieg in Le Mans, dem legendären Rennen! 1964 und 1965 bereitete sich Ford auf das Rennen vor und verbesserte seine Technik. 1966 fuhren Bruce McLaren und Chris Amon ihren Mark II mit einem 7-Liter-Motor erstmals zum Sieg. 1967 war die Reihe an A. J. Foyt und Dan Gurney, die mit einem Mark IV, immer noch mit dem 7-Liter-Motor, den zweiten Sieg in Le Mans verbuchen konnten. Dann zog sich Ford offiziell aus dem Rennbetrieb zurück, blieb aber inoffiziell durch die vom Briten John Wyer eingesetzten GT 40 in Rennen vertreten, die in den beiden folgenden Jahren 1968 und 69 in Le Mans siegten. Ford hatte sein Ziel erreicht: Der Name der Firma war von nun an untrennbar mit dem Rennbetrieb verbunden, zumal der von Franck Costin und Keith Duckworth in England entwickelte V8, der berühmte Cosworth, in der Formel 1 die ersten Siege einer phantastischen Erfolgsserie verbuchen konnte.

Trotz dieses Triumphs vergaß die Firma nicht, was sie ihren Stammkunden schuldig war, die während der ersten beiden Jahrzehnte dieses Jahrhunderts der legendären »Tin Lizzy« treu geblieben waren und so Reichtum und Ruf der Firma begründen halfen. Treue Kunden, die dem Falcon – einem nüchternen und eigentlich reizlosen Kompaktauto – Anfang der 60er Jahre einen begeisterten Empfang bereitet hatten. Im Jahr 1969 waren die Falcon immer noch im Modellkatalog zu finden, neben denen Ford aber die neue Fairlane-Modellreihe anbot, die für einen Käuferkreis auf der Suche nach mehr Charme, Komfort und größerem Wohlstand entwickelt worden war. Seit 1955 begeisterten sich dem Mittelstand angehörende Amerikaner für diese Mittelklasse-Fahrzeuge, die zu den ernstzunehmenden Rivalen der Pontiac und Plymouth zählten. Am Ende der Sixties machten auch die Fairlane keine Ausnahme von der in der US-Automobilindustrie gültigen Regel, nach der jeder Kunde sein eigenes Automobil-Menü zusammenstellen kann. Dazu verhalf ihm damals ein reichhaltiges Angebot von Sonderausstattungen, vor allem Motorvarianten mit einer Leistungsskala von 155 bis 335 PS. Serienmäßig waren die Fairlane mit dem leistungsschwächsten Reihen-Sechszylinder (4,1 Liter) ausgestattet. Für sportlicher ambitionierte Fahrer bot Ford vier weitere V8 an. Der erste leistete 220 PS bei 5 Litern; der zweite 250 oder 290 PS bei 5,8 Litern; der dritte 320 PS bei 6,4 Litern; der vierte und letzte, der unter der Haube des Mustang Mach I zu finden war, gab bei 7 Litern 335 PS ab. Als ob das Angebot nicht groß genug wäre, bot Ford neben den Fairlane die Serie Torino an, die die Ford'schen Farben in der Kategorie der »Muscle cars« verteidigen sollte. Um auf gleichem Niveau wie die Chevelle SS oder die Dodge Charger zu kämpfen, wurde die Cobra-Version gleich serienmäßig mit dem größten Motor (7 Liter) ausgestattet.

Trotz seiner Eleganz und klassisch-schlichten Linienführung hatte das einzige Cabriolet der Fairlane-Baureihe, das für 2651 Dollar zu haben war, keinen Erfolg. Ford brachte nur 2264 Exemplare heraus. Allerdings bot der Konstrukteur in der Torino-Serie ein zweites Cabriolet an, ein weiteres prachtvolles und repräsentatives Exemplar auf der Basis des Galaxie 500 und ein letztes, noch imposanteres Cabriolet in der Serie XL. Bei Ford, wie bei den anderen Konstrukteuren, war Cabriolet gleichbedeutend mit Luxus und Prunk, und die beliebtesten Modelle waren auch gleichzeitig die teuersten und prächtigsten. Ford verkaufte 6910 Cabrios Galaxie 500 zum Preis von 3159 Dollar und 7402 XL für 3297 Dollar. 1970 verschwand das Cabriolet Fairlane bereits aus dem Modellkatalog, aber auch den anderen war nur eine Gnadenfrist vergönnt. In Anbetracht des geringen Absatzes und der immer strengeren Vorschriften stellte Ford 1973 die Produktion von Cabriolets völlig ein. Die Nummer Zwei aus Detroit hatte andere Prioritäten. Ford konzentrierte seine Bemühungen auf die Produktion kleiner Limousinen. Nach dem 1970 herausgebrachten Maverick führte die Firma 1972 den Pinto ein, für den man eigens einen Reihen-Vierzylinder entwickelt hatte. Es war das erste Mal seit 39 Jahren, daß Ford einen so kleinen Motor baute. Kein Zweifel, eine neue Krise nahte!

1969 wurde Ford zum vierten Mal Sieger in Le Mans. Darüber vergaß der amerikanische Konstrukteur aber seine Stammkunden nicht, denen er den Erfolg seiner Mittelklasse-Modelle verdankte, zu denen dieser Fairlane 500 gehört. Trotz der nahenden 70er Jahre ist noch viel Chrom vorhanden, während das Instrumentenbrett mit seinen Rundinstrumenten auf unerwartete Weise an den Stil der Endvierziger erinnert.

CADILLAC

ELDORADO 1976

DIE LETZTEN 200

Die Männer versammeln sich einer nach dem anderen um das Fließband. Die von der Nachtschicht sind nach der Ablösung dageblieben. Gruppen kommen aus den anliegenden Werkstätten. Sogar Arbeiter im Ruhestand sind gekommen, um dem Ereignis beizuwohnen. An der Montagestraße geht alles seinen gewohnten Gang, ein langsamer aber unaufhaltsamer Rhythmus. Wie jeden Tag rücken die Fahrwerke vor, werden mit Motoren und Karosserien versehen, erhalten Chromteile und Zubehör, über allem liegt, wie eine schwere betäubende Wolke, der charakteristische Werkstattgeruch, eine Mischung aus Schmieröl, Leim und frischer Farbe. Wir schreiben den 21. April 1976. Es ist genau 10 Uhr 12. Es ist ein historischer Augenblick. Ed Kennard, seit 1974 Direktor der Firma, setzt sich ans Lenkrad des Modells, das gerade vom Band rollt. Vereinzelt klingt Applaus auf. Die Firma Cadillac hat ihr unwiderruflich letztes Cabriolet gebaut. Es ist weiß mit weißem Verdeck und soll nach Beschluß der Direktion als

CADILLAC

ELDORADO 1976

Symbol einer jahrzehntelangen Tradition in der Firma bleiben.

Ende des Jahres 1975 kündigte die Firma Cadillac ihren Entschluß an, die Produktion der Cabriolets einzustellen. Diese Nachricht versetzte die Öffentlichkeit in Aufregung. Menschenmengen belagerten die Markenhändler, die sich vor Aufträgen nicht mehr retten konnten. Den Käufern wurde plötzlich bewußt, daß dies ihre letzte Chance war, in den Besitz eines der prestigereichsten Autos der Welt zu kommen. In Nebraska bestellte ein Geschäftsmann gleich sechs Exemplare, und in Kansas verlangte ein Enthusiast sogar sieben Cabriolets. Die Direktion in Detroit wurde mit dringenden brieflichen Anfragen überschüttet, in denen Fanatiker unter dem Vorwand unstillbarer Leidenschaft und Markentreue um die Ehre ersuchten, in den Besitz eines der letzten Eldorado-Cabriolets zu kommen.

Angesichts dieser unerwarteten Auftragslawine beschloß der Generalstab im Januar 1976 die Gründung eines Komitees »Letztes Cabriolet«, das der Leitung des Public Relations-Managers William J. Knight unterstellt wurde. Um dieses Ereignis feierlich zu begehen, ließ Knight bei den 200 letzten Exemplaren – alle in makellosem Weiß – eine Echtheitsplakette anbringen, auf der vermerkt war, daß es sich um eines der letzten Cabrios der Marke, aber auch der USA handelte, denn auch Chrysler und Ford hatten 1971 und 1973 diesen Karosserietyp aufgegeben.

14000 »letzte Cabriolets« entstanden insgesamt – eine Rekordziffer, denn seit der Einführung 1971 hatte die Jahresproduktion des Eldorado-Cabriolets nie die 10000-Grenze erreicht. Offiziell kosteten die Cadillacs 11049 Dollar, aber auf dem schwarzen Markt wurden diese historischen Cabriolets zu ganz anderen Preisen gehandelt!

Der Eldorado erhielt den größten firmeneigenen V8 (8,2 Liter), der aber wegen der strengen Abgasvorschriften nur 190 PS leistete. Schon seit einigen Jahren hatte der Konstrukteur im Hinblick auf die Verwendung bleifreien Benzins das Verdichtungsverhältnis seiner Motoren reduziert. Von 235 PS im Jahr 1971 war die Leistung 1974 auf 210 PS und 1975 auf 190 PS gefallen. Damals fing die Firma auch an, die effektive PS-Zahl ihrer Motoren anstatt der Bruttoleistung anzugeben. Das einzige verfügbare Getriebe war der Dreigangautomat GM Turbo Hydra-Matic. Der Eldorado besaß Frontantrieb, eine 1967 von Cadillac speziell für diese Baureihe eingeführte Lösung, während die anderen Serien die klassische Bauweise behielten. Glücklicherweise und trotz der immer größeren Vorliebe der Amerikaner für kleine ausländische Limousinen, hatten diese Modelle ihre imposanten Ausmaße bewahrt. Seit 1971 betrug der Radstand des Eldorado 3,2 m. Die monumentale Erscheinung dieser Modelle mit einer Gesamtlänge von 5,69 Metern wurde durch ihren wuchtigen Stil mit zahlreichen Profilkanten und Ecken noch stärker betont. Immerhin hatte sich Cadillac im Vorjahr der Marktentwicklung angepaßt und den »kleinen« Seville herausgebracht, der im Vergleich zu seinen großen Geschwistern wie ein Kompaktauto wirkte.

Es heißt, daß die amerikanischen Cabriolets Opfer der strengen Bestimmungen geworden waren, vor allem der Sicherheitsvorschriften zur Verhütung von Unfällen mit

1976 bot Cadillac als letzter amerikanischer Konstrukteur ein Cabriolet an. Seine Größe, sein besonders charakteristischer, kantiger Stil und seine zahlreichen Chromteile machten dieses Eldorado-Cabriolet zum würdigen Nachfolger der 1953 eingeführten, ersten offenen Version.

CADILLAC

ELDORADO 1976

Überschlägen. Aber diese Strenge ist keine ausreichende Erklärung für ihr Verschwinden. Die Kunden, die meist Coupés mit Klimaanlage und einem Dach aus Vinyl bevorzugten, trugen einen Großteil der Verantwortung. Angesichts der geringen Nachfrage strichen die Konstrukteure die offenen Modelle nach und nach aus ihrem Produktionsprogramm. In den USA gab es lange Zeit keine Cabriolets mehr. Die wenigen Anhänger mußten sich mit »T-Bar-roofs« begnügen, d. h. Coupés mit Überrollbügel und abnehmbarem Dachteil. Glücklicherweise ist seit Beginn der 80er Jahre eine Renaissance der Cabriolets festzustellen. Das kann nur begrüßt werden, denn selbst wenn dieser Fahrzeugtyp ein Randphänomen bleibt, für das sich nur eine Handvoll Automobilisten aus Leidenschaft interessiert, ist er ein Symbol für Begeisterungsfähigkeit und Eleganz, zwei Kriterien, deren Verbindung zur Entstehung der schönsten Automobile geführt hat.

Trotz der Beschränkungen und einengenden Vorschriften, denen die amerikanischen Autos unterworfen waren, hat dieser Cadillac nicht von seiner Arroganz verloren. Luxus war höchstes Gebot, wie die breiten, lederbezogenen Sitze beweisen. Rangsymbole und Kennzeichen des elitären Status, wie das auf den Kotflügelleuchten eingravierte Markenzeichen, waren reichlich vorhanden.

5417
JD92

CHEVROLET

CORVETTE 1987

DER NACHFOLGER

Es gibt Legenden, die nur schwer auszurotten sind. Die Corvette zum Beispiel ist immer noch der Prototyp des amerikanischen Sportwagens. Dabei hatten die vom wirtschaftlichen Rückgang gezeichneten 70er Jahre diesem sagenhaften Automobil übel mitgespielt. Die Erdölkrise, die steigende Inflationsrate und eine Umweltschutz- und Sicherheit betreffende drakonische Gesetzgebung (sie führte ja in den USA zum Verschwinden der Cabrios) hatten der gesamten Automobilindustrie geschadet. Für die Corvette wirkte sich diese chaotische Epoche durch immer niedrigere Fahr- und Motorleistungen aus.

1975 brachte es der 1969 entwickelte, kompakte V8 (5,7 Liter) nur noch auf klägliche 165 PS (205 als Extra), während die Version 7 Liter im Trubel untergegangen war. Um das Unglück voll zu machen, verlor die Corvette im Lauf des Jahrzehnts seine beiden Schöpfer: Zora Arkus Duntov setzte sich 1974 zur Ruhe – was ihn nicht daran hinderte, der Corvette den größten Teil seiner Zeit zu widmen – Bill Mitchell folgte drei Jahre später seinem Beispiel. Glück-

GG-S7

CHEVROLET

CORVETTE 1987

licherweise waren die Männer, die danach über die Geschicke der Corvette entschieden – David R. McLellan für die technische Leitung und Jerry Palmer als Verantwortlicher des Stilbüros »Studio Three« – ihrer Aufgabe gewachsen, nämlich die achte Generation der Corvette auf den Markt zu bringen. Dabei hatte das Werksteam schon vor Amtsantritt der beiden Direktoren einen Nachfolger für den Beginn der 80er Jahre vorgesehen. Das Aerovette getaufte Projekt war produktionsreif und zeichnete sich durch einen Mittelmotor aus. Chevrolet hatte Anfang der 70er Jahre sogar eine Version mit zwei gekoppelten Doppelrotoren entwickelt, die insgesamt 420 PS abgab. Aber der Aerovette wurde nie gebaut. Einerseits verkaufte sich die Corvette gut, sodaß die Verantwortlichen keinen Anlaß sahen, bereits für Nachfolge zu sorgen. Andererseits brachte Porsche im Abstand von zwei Jahren (1975 und 1977) die technisch hochentwickelten Typen 924 und 928 heraus, deren Bauweise dem Chevrolet-Mittelmotor-Konzept widersprach. Außerdem hatte das Projekt mit dem Ausscheiden Duntovs und Mitchells seine beiden engagiertesten Befürworter verloren. McLellan seinerseits war ein überzeugter Anhänger der traditionellen Bauweise.

1978 machten sich die Teams Palmer und McLellan schließlich an die Arbeit. Das Geheimnis ihres Erfolgs bestand vor allem in einer engen Zusammenarbeit, bei der sich die beiden Männer über so gut wie jedes Detail abstimmten. Es galt, die Mängel zu beseitigen, ohne den Charakter des Autos zu ändern. Die zukünftige Corvette sollte aerodynamischer, geräumiger und noch effizienter werden, aber auf den ersten Blick erkennbar sein.

Ende des Jahres 1983 entdeckte die Presse auf der Rennstrecke von Riverside/Kalifornien die neue Corvette. Obwohl kleiner als ihre Vorgänger, war sie äußerlich unverkennbar und unverändert beeindruckend, sobald man in ihre Nähe kam. Den Stilisten war die Modernisierung der Karosserie meisterlich gelungen, ohne dabei mit der Vergangenheit zu brechen. Die Linienführung der neuen Corvette wirkte gestreckter und gleichzeitig straffer. Die Kotflügelverbreiterungen über den Radausschnitten zeichneten sich kaum merklich ab. Die Flanken wölbten sich stärker nach außen, was im Innenraum mehr Platz ließ. Auch die von Pat Furey und seinem Team entworfene moderne, schlicht gehaltene Innenraumgestaltung paßte zum Gesamtbild der Corvette, obwohl einige Details nach Meinung der Kritiker einen zu futuristischen Anstrich besaßen, wie z. B. die Instrumentierung, bei der die verschiedenen Informationen über ein elektronisches Digitalsystem gesteuert und in allen Farbtönen ablesbar waren. Bei der permanenten Überwachung aller Funktionen half ein Bordcomputer. Die mit besonders geschmeidigem Leder bezogenen Sitze konnten mittels eines elektrischen Reguliersystems nach sechs Richtungen verstellt werden, während die drei aufblasbaren Kissen der Rückenlehne eine individuell angepaßte Stütze der Lendenwirbel ermöglichten. Mit einem tiefen- und neigungsverstellbaren Lenkrad fand schließlich jeder Fahrer seine ideale Sitzposition.

Die größte technische Neuheit bestand in der Aufgabe der klassischen getrennten Bauweise von Fahrwerk und Karosserie. Der Aufbau wurde neuerdings auf einem Zentralträger festgeschweißt und anschließend mit den Karos-

Die Geschicke der Corvette liegen heute in den Händen des Stilisten Jerry Palmer und des für technische Fragen verantwortlichen David McLellan, zwei Männer, die ihrer Aufgabe gewachsen sind. Die 1983 eingeführte letzte Generation der Corvette ist nicht weniger gelungen als die vorhergehenden – selbst mit einigen hochmodernen Lösungen, wie die computergesteuerte Instrumentierung.

GG-S7

CHEVROLET

CORVETTE 1987

serieteilen eingekleidet, die bei allen Modellen aus Glasfaser bestanden. Die 70er Jahre hatten zumindest zu einem positiven Resultat geführt: Um den Benzinverbrauch zu senken, versuchten die Ingenieure, mit allen Mitteln das Gewicht zu reduzieren. So wurden 1981 die Schraubenfedern durch eine einfache Querblattfeder aus Glasfaser ersetzt, eine Besonderheit, die auch heute noch an Front und Heck der Corvette zu finden ist. Aus Gründen der Gewichtsersparnis war auch das Leichtmetall Aluminium überall gegenwärtig. Chevrolet setzte es für die Getriebewelle und ihre Lager ein, für die Dreieckslenker und Aufhängungsstabilisatoren, den Zentralträger, die Bremssättel und sogar das Kühlerschutzblech. Der Luftfilter bestand aus Magnesiumlegierung!

Alle Sportfreunde, die den Leistungsverlust der letzten Corvette bedauert hatten, konnten mit der Version 1983 zufrieden sein. Ich habe dieses Ungetüm selbst gesehen und kann bestätigen, daß es den größten Respekt einflößt. Sobald man den Zündschlüssel dreht, spürt man das dumpfe Grollen des V8 bis in die Magengrube. Den 7 Liter großen Block gab es zwar nicht mehr, aber auch der neue 5,7 Liter konnte sich sehen lassen. Mit einer elektronischen Doppeleinspritzung und einer »Cross-fire« genannten Doppelzündung leistete er 240 PS in der Version 1987, besaß aber vor allem ein besonders kräftiges Drehmoment von 47,7 m/kg bei 3200/min, das beim Beschleunigen die Scheiben zum Vibrieren brachte. Die Corvette erreichte eine Spitze von 225 km/h und beschleunigte in sieben Sekunden von 0 auf 100 km/h.

Besonders sportliche Kunden konnten bei jedem Chevrolet-Händler das Coupè Callaway bestellen, das mit zwei Abgas-Turboladern 285 km/h schnell war. Etwas Besonderes hatte man sich bei der Kraftübertragung einfallen lassen. Zum mechanischen Vierganggetriebe wurde ein dreistufiges Untersetzungsgetriebe hinzumontiert, das eine drehzahlsenkende und damit wirtschaftlichere Fahrweise ermöglichte. Der Fahrer verfügte über sieben Gänge, konnte aber mittels eines auf der Mittelkonsole befindlichen Unterbrecherknopfes die Wirkung des Zusatzgetriebes neutralisieren, wenn er eine volle Leistungsentfaltung wünschte.

Nach zehnjähriger Abwesenheit tauchte 1986 wieder ein Cabriolet in der Baureihe auf. Die Mechanik war zwar mit der des Coupès identisch, aber mit den offenen Versionen knüpfte die Corvette an ihre Vergangenheit an. Wie bei den allerersten Modellen verschwand das mechanisch zu betätigende Verdeck in einem speziell dafür vorgesehenen Raum hinter den Sitzen und enthüllte gleichzeitig ein Profil von vollkommener Reinheit. Die lange, Freunden dieses Fahrzeugtyps auferlegte Wartezeit hatte sich gelohnt. Das Cabriolet war seiner glorreichen Vergangenheit würdig. Es war und blieb der vollkommene Ausdruck des offenen Sportwagens amerikanischer Konzeption.

1987 entstanden 10625 Cabriolets von insgesamt 30632 Exemplaren der Corvette-Baureihe. Es war ein ermutigendes Resultat, das die Entschlossenheit der Firmenleitung belohnte und bewies, daß Leidenschaft manchmal ungestraft über Vernunft siegen darf.

Die 1976 aus dem Chevrolet-Modellkatalog verschwundene offene Corvette tauchte 1986 wieder auf. Wie bei den allerersten Cabriolets von 1953 verschwindet das Verdeck in einem mit einer Metallklappe versehenen Raum hinter den Rücksitzen. Die Innenausstattung ist nicht mehr ganz so spartanisch wie zehn Jahre zuvor. Die lederbezogenen Sitze können z. B. in sieben Richtungen verstellt werden.

TECHNISCHE DATEN

MARKE: CHRYSLER TYP: TOWN AND COUNTRY BAUJAHR: 1948

MOTOR: SERIE: Reihen-Achtzylinder, stehende Ventile
323,5 cu in (5302 cm^3)
135 PS bei 3200/min
37,4 mkg bei 1600/min
KRAFTÜBERTRAGUNG: SERIE: Halbautomatisches Getriebe mit doppeltem Schaltbereich zu je zwei Gängen
ABMESSUNGEN: LÄNGE: 216,8 in/5,51 m
BREITE: 78 in/1,98 m
PREIS: 3395 Dollar
GESAMTPRODUKTION: 3309 Exemplare

MARKE: CHEVROLET TYP: FLEETMASTER BAUJAHR: 1948

MOTOR: SERIE: Reihen-Sechszylinder, stehende Ventile
216,5 cu in (3548 cm^3)
90 PS bei 3300/min
24 mkg bei 2000/min
KRAFTÜBERTRAGUNG: SERIE: Mechanisches Dreiganggetriebe
PREIS: 1750 Dollar
GESAMTPRODUKTION: 20471 Exemplare

MARKE: PACKARD TYP: CUSTOM EIGHT BAUJAHR: 1948

MOTOR: SERIE: Reihen-Achtzylinder, stehende Ventile
356 cu in (5835 cm^3)
165 PS bei 3600/min
38,9 mkg bei 2000/min
KRAFTÜBERTRAGUNG: SERIE: Mechanisches Dreiganggetriebe, elektrische Kupplung
PREIS: 4295 Dollar
GESAMTPRODUKTION: 1105 Exemplare

MARKE: DESOTO TYP: CUSTOM BAUJAHR: 1949

MOTOR: SERIE: Reihen-Sechszylinder, stehende Ventile
236,6 cu in (3873 cm^3)
112 PS bei 3600/min
26,9 mkg bei 1600/min
KRAFTÜBERTRAGUNG: SERIE: Mechanisches Dreiganggetriebe
EXTRA: – Hydraulik-Kupplung Fluid Drive
– Halbautomatisches Getriebe mit zweimal zwei Gängen
PREIS: 2578 Dollar
GESAMTPRODUKTION: 3385 Exemplare

MARKE: CADILLAC TYP: SERIE 62 BAUJAHR: 1949

MOTOR: SERIE: V8 mit hängenden Ventilen
331 cu in (5424 cm^3)
160 PS bei 3800/min
43 mkg bei 1800/min
KRAFTÜBERTRAGUNG: SERIE: Automatisches Vierganggetriebe GM Hydromatic
ABMESSUNGEN: LÄNGE: 215,9 in/5,48 m
BREITE: 78,9 in/2,00 m
RADSTAND: 126 in/3,20 m
PREIS: 3442 Dollar
GESAMTPRODUKTION: 8000 Exemplare

MARKE: BUICK TYP: SUPER EIGHT BAUJAHR: 1950

MOTOR: SERIE: Reihen-Achtzylinder, hängende Ventile
263,3 cu in (4315 cm^3)
124 PS bei 3600/min
31,1 mkg bei 2000/min
EXTRA: 128 PS mit Dynaflow-Getriebe
KRAFTÜBERTRAGUNG: SERIE: Mechanisches Dreiganggetriebe
EXTRA: Automatisches Zweiganggetriebe Buick Dynaflow
PREIS: 2478 Dollar
GESAMTPRODUKTION: 12259 Exemplare

MARKE: HUDSON TYP: COMMODORE EIGHT BAUJAHR: 50

MOTOR: SERIE: Reihen-Achtzylinder, stehende Ventile
254 cu in (4163 cm^3)
128 PS bei 4200/min
27,3 mkg bei 1800/min
KRAFTÜBERTRAGUNG: SERIE: Mechanisches Dreiganggetriebe
EXTRA: Automatische Kupplung Drive-Master
PREIS: 2893 Dollar
GESAMTPRODUKTION: 425 Exemplare

MARKE: CHEVROLET TYP: STYLELINE BAUJAHR: 1951

MOTOR: SERIE: Reihen-Sechszylinder, hängende Ventile
– Mit mechanischem Getriebe: 216,5 cu in (3548 cm^3)
92 PS bei 300/min
24,3 mkg bei 1500/min
– Getriebeautomat Powerglide: 235 cu in (3852 cm^3)
105 PS bei 3600/min
26,6 mkg bei 1600/min
KRAFTÜBERTRAGUNG: SERIE: Mechanisches Dreiganggetriebe
EXTRA: Automatisches Zweiganggetriebe Powerglide
PREIS: 2030 Dollar
GESAMTPRODUKTION: 20172

MARKE: STUDEBAKER TYP: CHAMPION BAUJAHR: 1951

MOTOR: SERIE: Reihen-Sechszylinder, stehende Ventile
169,6 cu in (2780 cm^3)
85 PS bei 4000/min
19 mkg bei 2400/min
KRAFTÜBERTRAGUNG: SERIE: Mechanisches Dreiganggetriebe
EXTRA: Automatisches Dreiganggetriebe Studebaker/Borg-Warner
PREIS: 2157 Dollar
GESAMTPRODUKTION: unbekannt

MARKE: PACKARD TYP: CARIBBEAN BAUJAHR: 1953

MOTOR: SERIE: Reihen-Achtzylinder, stehende Ventile
327 cu in (5358 cm^3)
180 PS bei 4000/min
41,4 mkg bei 2000/min
KRAFTÜBERTRAGUNG: SERIE: Automatisches Zweiganggetriebe Packard Ultramatic
PREIS: 5210 Dollar
GESAMTPRODUKTION: 750 Exemplare

MARKE: CADILLAC TYP: ELDORADO BAUJAHR: 1953

MOTOR: SERIE: V8 mit hängenden Ventilen
331 cu in (5424 cm^3)
210 PS bei 4150/min
45,5 mkg bei 2700/min
KRAFTÜBERTRAGUNG: SERIE: Automatisches Vierganggetriebe GM Hydramatic
PREIS: 7750 Dollar
GESAMTPRODUKTION: 532 Exemplare

MARKE: CHEVROLET TYP: CORVETTE BAUJAHR: 1954

MOTOR: SERIE: Reihen-Sechszylinder, hängende Ventile
235,5 cu in (3857 cm^3)
152 PS bei 4200/min
30,7 mkg bei 2400/min
KRAFTÜBERTRAGUNG: SERIE: Automatisches Zweiganggetriebe Powerglide
PREIS: 3523 Dollar
GESAMTPRODUKTION: 3640 Exemplare

MARKE: CADILLAC TYP: SERIE 62 BAUJAHR: 1955

MOTOR: SERIE: V8 mit hängenden Ventilen
331 cu in (5424 cm^3)
253 PS bei 4400/min
45,5 mkg bei 2700/min
KRAFTÜBERTRAGUNG: SERIE: Automatisches Vierganggetriebe GM Hydramatic
PREIS: 4448 Dollar
GESAMTPRODUKTION: 8150 Exemplare

MARKE: PACKARD TYP: CARIBBEAN BAUJAHR: 1956

MOTOR: SERIE: V8 mit hängenden Ventilen
374 cu in (6130 cm^3)
310 PS bei 4600/min
56 mkg bei 2800/min
KRAFTÜBERTRAGUNG: SERIE: Automatisches Zweiganggetriebe Packard Twin Ultramatic
PREIS: 5995 Dollar
GESAMTPRODUKTION: 276 Exemplare

MARKE: BUICK TYP: ROADMASTER BAUJAHR: 1956

MOTOR: SERIE: V8 mit hängenden Ventilen
322 cu in (5276 cm^3)
255 PS bei 4400/min
47,1 mkg bei 3200/min
KRAFTÜBERTRAGUNG: SERIE: Automatikgetriebe Buick Dynaflow
PREIS: 3704 Dollar
GESAMTPRODUKTION: 4354 Exemplare

MARKE: CHEVROLET TYP: BEL AIR BAUJAHR: 1956

MOTOR: SERIE: Reihen-Sechszylinder, hängende Ventile
235,5 cu in (3860 cm^3)
140 PS bei 4200/min
30,7 mkg bei 2400/min
EXTRA: V8 mit hängenden Ventilen
265 cu in (4343 cm^3)
162, 170 oder 205 PS
KRAFTÜBERTRAGUNG: SERIE: Mechanisches Dreiganggetriebe
EXTRA: Automatisches Zweiganggetriebe Powerglide
PREIS: 2344 Dollar
GESAMTPRODUKTION: 41268 Exemplare

MARKE: FORD TYP: THUNDERBIRD BAUJAHR: 1957

MOTOR: SERIE: – Mit mechanischem Getriebe: V8 mit hängenden Ventilen
292 cu in (4786 cm^3)
212 PS bei 4500/min
41,1 mkg bei 2700/min
– Mit Overdrive und Automatikgetriebe: V8 mit hängenden Ventilen
312 cu in (5114 cm^3)
245 PS bei 4500/min
45,8 mkg bei 3200/min
EXTRA: 270, 285 oder 300 PS (mit McCulloch-Kompressor) bei Version mit 312 cu in.
KRAFTÜBERTRAGUNG: SERIE: Mechanisches Dreiganggetriebe
EXTRA:– Mechanisches Dreiganggetriebe + Overdrive
– Automatisches Dreiganggetriebe Ford-O-Matic
GESAMTPRODUKTION: 21380 Exemplare

MARKE: LINCOLN TYP: PREMIERE BAUJAHR: 1957

MOTOR: SERIE: V8 mit hängenden Ventilen
368 cu in (56030 cm^3)
300 PS bei 4800/min55,3 mkg bei 2800/min
KRAFTÜBERTRAGUNG: SERIE: Automatisches Dreiganggetriebe Turbo-Drive
PREIS: 5381 Dollar
GESAMTPRODUKTION: 3676 Exemplare

MARKE: OLDSMOBILE TYP: SUPER 88 BAUJAHR: 1957

MOTOR: SERIE: V8 »ROCKET« mit hängenden Ventilen
371 cu in (6080 cm^3)
277 PS bei 4400/min
55,3 mkg bei 2800/min
EXTRA: »Rocket J2« 300 PS
KRAFTÜBERTRAGUNG: SERIE: Mechanisches Dreiganggetriebe
EXTRA: Automatisches Vierganggetriebe GM Hydramatic
PREIS: 3447 Dollar
GESAMTPRODUKTION: 7128 Exemplare

MARKE: CHRYSLER TYP: NEW YORKER BAUJAHR: 1958

MOTOR: SERIE: V8 mit hängenden Ventilen
392 cu in (6424 cm^3)
345 PS bei 4600/min
62,2 mkg bei 2800/min
KRAFTÜBERTRAGUNG: SERIE: Automatisches Dreiganggetriebe Torqueflite
PREIS: 4761 Dollar
GESAMTPRODUKTION: 666

MARKE: FORD TYP: FAIRLANE 500 SKYLINER BAUJAHR: 1958

MOTOR: SERIE: V8 mit hängenden Ventilen, 292 cu in (4786 cm^3)
208 PS bei 4500/min, 40,8 mkg bei 2400/min
EXTRA: V8 mit hängenden Ventilen, 332 cu in (5441 cm^3)
265 PS bei 4600/min, 47 mkg bei 200/min
– V8 mit hängenden Ventilen, 352 cu in (5769 cm^3)
300 PS bei 4600/min, 54,5 mkg bei 2800/min
KRAFTÜBERTRAGUNG: SERIE: Mechanisches Dreiganggetriebe + Overdrive
EXTRA: Automatisches Dreiganggetriebe Cruisomatic
PREIS: 3163 Dollar
GESAMTPRODUKTION: 14713

MARKE: EDSEL **TYP: PACER** **BAUJAHR: 1958**

MOTOR: **SERIE:** V8 mit hängenden Ventilen
361 cu in (5917 cm^3)
303 PS bei 4600/min
55,2 mkg bei 2800/min
KRAFTÜBERTRAGUNG: **SERIE:** Mechanisches Dreiganggetriebe + Overdrive
EXTRA: Automatisches Dreiganggetriebe
PREIS: 3028 Dollar
GESAMTPRODUKTION: 1876 Exemplare

MARKE: EDSEL **TYP: CORSAIR** **BAUJAHR: 1959**

MOTOR: **SERIE:** V8 mit hängenden Ventilen
332 cu in (5441 cm^3)
225 PS bei 4400/min
44,8 mkg bei 2200/min
EXTRA: V8 mit hängenden Ventilen
361 cu in (5917 cm^3)
303 PS bei 4600/min53,8 mkg bei 2900/min
53,8 mkg bei 2900/min
KRAFTÜBERTRAGUNG: **SERIE:** Mechanisches Dreiganggetriebe
EXTRA: – Automatisches Dreiganggetriebe
– Automatisches Zweiganggetriebe
Mile-O-Matic
PREIS: 3072 Dollar
GESAMTPRODUKTION: 1323 Exemplare

MARKE: CADILLAC **TYP: ELDORADO BIARRITZ** **BAUJAHR: 1959**

MOTOR: **SERIE:** V8 mit hängenden Ventilen
390 cu in (6391 cm^3)
345 PS bei 4800/min
60 mkg bei 3400/min
KRAFTÜBERTRAGUNG: **SERIE:** Automatisches Vierganggetriebe
GM Dual Range
PREIS: 7401 Dollar
GESAMTPRODUKTION: 1320 Exemplare

MARKE: EDSEL **TYP: RANGER** **BAUJAHR: 1960**

MOTOR: **SERIE:** V8 mit hängenden Ventilen
292 cu in (4786 cm^3)
185 PS bei 4200/min
40,3 mkg bei 2200/min
EXTRA: – Reihen-Sechszylinder, hängende Ventile
223 cu in (3655 cm^3)
145 PS bei 4000/min
28,4 mkg bei 2000/min
– V8 mit hängenden Ventilen
352 cu in (5769 cm^3)
300 PS bei 4600/min
52,6 mkg bei 2800/min
KRAFTÜBERTRAGUNG: **SERIE:** Mechanisches Dreiganggetriebe
EXTRA: – Automatisches Zweiganggetriebe
Mile-O-Matic
– Automatisches Zweiganggetriebe
Ford-O-Matic
PREIS: 3000 Dollar
GESAMTPRODUKTION: 76

MARKE: CHRYSLER **TYP: 300 F und 300 G** **BAUJAHR: 1960/61**

MOTOR: **SERIE:** V8 mit hängenden Ventilen
413 cu in (6769 cm^3)
375 PS bei 5000/min
68,3 mkg bei 2800/min
EXTRA: 400 PS bei 5200/min
KRAFTÜBERTRAGUNG: **SERIE:** Automatisches Dreiganggetriebe Torqueflite
EXTRA: Mechanisches Vierganggetriebe
Pont-á-Mousson (300 F)
PREIS: 5841 Dollar (300 F), 5843 Dollar (300 G)
GESAMTPRODUKTION: 248 (300 F), 337 (300 G)

MARKE: IMPERIAL **TYP: CROWN** **BAUJAHR: 1961**

MOTOR: **SERIE:** V8 mit hängenden Ventilen
413 cu in (6769 cm^3)
350 PS bei 4600/min
65 mkg bei 2800/min
KRAFTÜBERTRAGUNG: **SERIE:** Automatisches Dreiganggetriebe Torqueflite
PREIS: 5774 Dollar
GESAMTPRODUKTION: 429 Exemplare

MARKE: CADILLAC **TYP: ELDORADO BIARRITZ** **BAUJAHR 1962**

MOTOR: **SERIE:** V8 mit hängenden Ventilen
390 cu in (6391 cm^3)
325 PS bei 4800/min
59,3 mkg bei 3100/min
KRAFTÜBERTRAGUNG: **SERIE:** Automatisches Vierganggetriebe
GM Hydramatic
PREIS: 6610 Dollar
GESAMTPRODUKTION: 1450 Exemplare

MARKE: FORD **TYP: THUNDERBIRD** **BAUJAHR: 1962**

MOTOR: **SERIE:** V8 mit hängenden Ventilen
390 cu in (6392 cm^3)
300 PS bei 4600/min
58,9 mkg bei 2800/min
EXTRA: 340 PS bei 5000/min
KRAFTÜBERTRAGUNG: **SERIE:** Automatisches Dreiganggetriebe
Cruise-O-Matic
PREIS: 4778 Dollar (Cabriolet), 5439 Dollar (Sports Roadster)
GESAMTPRODUKTION: 7030 (Cabriolets), 1427 (Sports Roadster)

MARKE: CHEVROLET **TYP: CORVAIR MONZA SPYDER** **BAUJAHR: 1963**

MOTOR: **SERIE:** Aufgeladener Sechszylinder-Boxer-Motor, im Heck eingebaut
145 cu in (2376 cm^3)
150 PS bei 4400/min
29 mkg bei 3200/min
KRAFTÜBERTRAGUNG: **SERIE:** Mechanisches Vierganggetriebe
PREIS: 2798 Dollar
GESAMTPRODUKTION: 7472 Exemplare

MARKE: STUDEBAKER TYP: LARK DAYTONA BAUJAHR: 1964

MOTOR: SERIE: V8 mit hängenden Ventilen
259 cu in (4247 cm^3)
182 PS bei 4500/min
35,9 mkg bei 2800/min
EXTRA: 198 PS bei 4500/min
289 cu in (4737 cm^3) mit 213, 228, 240 und 290 PS
303 cu in (4973 cm^3) mit 280 und 335 PS (mit Kompressor)

KRAFTÜBERTRAGUNG: SERIE: Mechanisches Dreiganggetriebe
EXTRA: – Mechanisches Dreiganggetriebe + Overdrive
– Mechanisches Vierganggetriebe
– Automatisches Dreiganggetriebe Flightomatic

PREIS: 2805 Dollar
GESAMTPRODUKTION: unbekannt

MARKE: CHEVROLET TYP: CORVETTE BAUJAHR: 1965

MOTOR: SERIE: V8 mit hängenden Ventilen
327 cu in (5356 cm^3)
253 PS bei 4400/min
48,3 mkg bei 2800/min
EXTRA: – 304, 355, 370 oder 380 PS
– 396 cu in (6490 cm^3), 430 PS bei 6400/min

KRAFTÜBERTRAGUNG: SERIE: Mechanisches Dreiganggetriebe
EXTRA: – Mechanisches Vierganggetriebe
– Automatisches Zweiganggetriebe Powerglide

PREIS: 4106 Dollar
GESAMTPRODUKTION: 15376 Exemplare

MARKE: FORD TYP: MUSTANG BAUJAHR: 1965

MOTOR: SERIE: Reihen-Sechszylinder
200 cu in (3278 cm^3)
120 PS bei 4400/min
26,2 mkg bei 2400/min
EXTRA: V8 mit hängenden Ventilen
289 cu in (4738 cm^3)
200 PS bei 4400/min, 38,9 mkg bei 2400/min
225 PS bei 4800/min, 42,1 mkg bei 3200/min
271 PS bei 6000/min, 43,1 mkg bei 3400/min

KRAFTÜBERTRAGUNG: SERIE: Mechanisches Dreiganggetriebe
EXTRA: Mechanisches Vierganggetriebe
Automatisches Dreiganggetriebe Cruise-O-Matic

PREIS: 2615 Dollar
GESAMTPRODUKTION: 101945 Exemplare (1964/65)

MARKE: CHEVROLET TYP: CHEVELLE SS BAUJAHR: 1966

MOTOR: SERIE: V8 mit hängenden Ventilen
396 cu in (6490 cm^3)
325 PS bei 4800/min
56,6 mkg bei 3200/min
EXTRA: 360 PS bei 5200/min

KRAFTÜBERTRAGUNG: SERIE: Mechanisches Dreiganggetriebe
EXTRA: – Mechanisches Vierganggetriebe Muncie
– Automatisches Zweiganggetriebe Powerglide

PREIS: 2984 Dollar
GESAMTPRODUKTION: unbekannt

MARKE: FORD TYP: FAIRLANE 500 BAUJAHR: 1969

MOTOR: SERIE: Reihen-Sechszylinder
250 cu in (4097 cm^3)
157 PS bei 4000/min
33,2 mkg bei 1600/min
EXTRA: V8 mit hängenden Ventilen
302 cu in (4950 cm^3) 223 PS
351 cu in (5752 cm^3) 353 und 294 PS
390 cu in (6392 cm^3) 324 PS
428 cu in (7015 cm^3) 340 PS

KRAFTÜBERTRAGUNG: SERIE: Mechanisches Dreiganggetriebe
EXTRA: – Mechanisches Vierganggetriebe
– Automatikgetriebe

PREIS: 2851 Dollar
GESAMTPRODUKTION: 2264 Exemplare

MARKE: CADILLAC TYP: ELDORADO BAUJAHR: 1976

MOTOR: SERIE: V8 mit hängenden Ventilen
500 cu in (8193 cm^3)
190 PS bei 3600/min
49,7 mkg bei 2000/min
EXTRA: 215 PS mit elektronischer Einspritzung

KRAFTÜBERTRAGUNG: SERIE: Automatisches Dreiganggetriebe GM Turbo Hydramatic

PREIS: 11049 Dollar
GESAMTPRODUKTION: 14000 Exemplare

MARKE: CHEVROLET TYP: CORVETTE BAUJAHR: 1987

MOTOR: SERIE: V8 mit hängenden Ventilen
350 cu in (5733 cm^3)
240 PS bei 4000/min
47,7 mkg bei 3 200/min

KRAFTÜBERTRAGUNG: SERIE: Mechanisches Vierganggetriebe + Overdrive auf den letzten 3 Gängen
EXTRA: Automatisches Vierganggetriebe

PREIS: 27000 Dollar
GESAMTPRODUKTION: 10625 Exemplare

Wörterverzeichnis

Baby boom: Bevölkerungsexplosion unmittelbar nach dem zweiten Weltkrieg.

Cartoon: Zeichentrickfilm

Continental kit: Sichtbar angebrachtes Reserverad. Es wird im Heck auf der Kofferraumklappe oder der vorspringenden Stoßstange befestigt. Der Name stammt vom Lincoln Continental, der 1939 erstmals diesen Stileffekt einführte.

Date: Verabredung mit einer Freundin: im weiteren Sinn die Freundin selbst.

Dream car: Auf Ausstellungen vorgeführtes Traumauto, das Neugier und Kauflust stimulieren soll.

Duck tail: Entenbürzel. Ein Ausdruck, den den breiten, flachen Heckausläufer der Corvette-Versionen von 1961 bis 1967 kennzeichnet.

Face-lift: Vor allem die Front betreffende Karosserie-Retuschen.

Freeways: Nicht gebührenpflichtige Autobahnen.

Forward look: Verwegenes Aussehen. Ein Ausdruck, der den Stil der Chrysler ab Mitte der 50er Jahre kennzeichnet.

Gimmicks: Trick, Kniff, Dreh. Bezieht sich auf alle für die amerikanischen Straßenkreuzer der 50er Jahre typischen Details.

Interstates: Autobahn-Verbindungsnetz zwischen den US-Staaten.

Kid: Heranwachsender, Jugendlicher.

New-look: Die gerade letzte Modetendenz.

Pace-car: Das Rennen eröffnende, offizielle Auto, das nicht überholt werden darf. Es ist eine Ehre für die Konstrukteure, wenn eines ihrer Modelle als Pace-car gewählt wird – vor allem zu den 500 Meilen von Indianapolis.

Pony-car: Generation besonders leistungsstarker, eleganter Sportwagen auf der Basis von Großserien-Bauteilen. Das Musterbeispiel ist der Ford Mustang.

Portholes: Bullaugen. Bezeichnet die seitlichen Lufteinlässe auf der Motorhaube der Buick.

Restyling: Ästhetische Retuschen, die das Gesamtbild eines Autos modernisieren sollen.

Show-car: Ausstellungsmodell. Siehe auch Dream-car.

Starter: Person, die das Startzeichen zum Rennen gibt. In der Mechanik die Startvorrichtung.

Station-wagon: Kombi oder Break.

Step down: Drückt allgemein das Senken oder Herabsetzen einer Sache aus. In der Automobilindustrie bezeichnet dieser Ausdruck die niedrige Bauhöhe der Hudson-Versionen von 1948 bis 1953.

Split window: Geteiltes Heckfenster.

Tail fins: Heckflossen, Luftleitflügel.

Tonneau cover: Abdeckvorrichtung aus diversem Material für offene Sport-Zweisitzer (Spider, Dragster), die nahtlos an die Karosserie anschließt.

Top model: Das teuerste und luxuriöseste Modell einer Baureihe.

Town and Country: Stadt und Land. Typenbezeichnung der ersten holzverkleideten Chrysler-Modelle nach dem Krieg.

Woodie: Modell mit Holzkarosserie.

WIR DANKEN

Die Fotos in diesem Buch konnten nur mit dem liebenswürdigen Verständnis europäischer und amerikanischer Sammler, sowie der freundlichen Hilfe zahlreicher Automobil-Clubs realisiert werden.

Unser besonderer Dank gilt daher:
- Packard-Club International,
- l'Amicale Packard France (M. de Lorgeril), M. Schreiber, M. Gaudtroy, M. Imbert, M. Hassan
- Cadillac-Club de Suisse (MM. Zimmermann und Vonaesh), M. de Montrèmy
- Auto Folies (MM. Rigoli und M. Dufour)
- Mustang-Club de France (MM. Serpagli und M. Le Tellier)
- Repar-Auto (M. Cointreau), M. Robba
- l'American Car-Club de France (M. Petitprès)
- Corvair-Club de France (Mme. Poudroux und M. Dupuis)
- l'Amicale Studebaker de France (M. Bader)
- Voiturium (M. Heidet).

Außerdem möchten wir Mr. und Mrs. Yount vom Edsel-Club International besonders herzlich dafür danken, daß sie uns ein Treffen mit zahlreichen amerikanischen Sammlern ermöglicht haben, vor allem mit Patrick Van Der Stricht, der uns bei der Entstehung dieses Buches tatkräftig unterstützt hat.